U0163702

移动数字产品
适老化交互设计研究

胡 莹／著

 化学工业出版社

·北京·

内容简介

本书从数字产品交互设计的视角出发，总结了老年人在数字产品使用中的能力特点和交互障碍，对老年人的移动产品交互设计需求进行了较为全面的研究和分析，主要针对移动数字产品交互界面的设计要素，展开了一系列实证研究和设计实践，为设计师开展设计实践提供了有针对性的建议。结合浙江省的实践经验，从宏观角度出发，对数字技术适老化设计的经验进行总结，并对将来可能遇到的问题提出了应对策略。

本书适合设计师、设计研究人员和适老化服务行业的从业人员阅读。

图书在版编目（CIP）数据

移动数字产品适老化交互设计研究/胡莹著. —北京：化学工业出版社，2023.12
ISBN 978-7-122-44702-9

Ⅰ.①移… Ⅱ.①胡… Ⅲ.①数字技术-电子产品-产品设计 Ⅳ.①TN6

中国国家版本馆CIP数据核字（2023）第255146号

责任编辑：万忻欣 　　　　文字编辑：陈　锦　袁　宁
责任校对：边　涛 　　　　装帧设计：张　辉

出版发行：化学工业出版社
　　　　　（北京市东城区青年湖南街13号　邮政编码100011）
印　　装：北京科印技术咨询服务有限公司数码印刷分部
710mm×1000mm　1/16　印张11¼　字数190千字
2024年5月北京第1版第1次印刷

购书咨询：010-64518888 　　　　售后服务：010-64518899
网　　址：http://www.cip.com.cn
凡购买本书，如有缺损质量问题，本社销售中心负责调换。

定　　价：98.00元
　　　　　　　　　　　　　　　　　　版权所有　违者必究

前　言

　　进入21世纪，数字化建设逐渐成为中国政府着眼未来的重要战略。从信息基础设施建设、信息技术提升，到数字经济建设和数字政府效能提升，数字化建设已经为全社会带来了巨大的经济效益。2022年，我国数字经济规模达50.2万亿元，总量稳居世界第二，同比名义增长10.3%，占国内生产总值比重提升至41.5%。数字产业规模稳步增长，电子信息制造业实现营业收入15.4万亿元，同比增长5.5%；软件业务收入达10.81万亿元，同比增长11.2%；工业互联网核心产业规模超1.2万亿元，同比增长15.5%。全国网上零售额达13.79万亿元，其中实物商品网上零售额占社会消费品零售总额的比重达27.2%，创历史新高。数字企业创新发展动能不断增强。我国市值排名前100的互联网企业总研发投入达3384亿元，同比增长9.1%。2023年2月27日，中共中央、国务院印发了《数字中国建设整体布局规划》，提出"建设数字中国是数字时代推进中国式现代化的重要引擎"。数字化建设已经成为了我国经济建设的重要篇章。

　　在数字中国建设如火如荼地开展的同时，中国的人口老龄化问题也日益严峻。截至2022年底，全国60周岁及以上老年人口28004万人，占总人口的19.8%，其中65周岁及以上老年人口20978万人，占总人口的14.9%，老年人口数量居全球之首。数量如此庞大的老龄人，面对日新月异的数字技术，数字鸿沟有进一步增大的趋势。尤其在移动互联网领域，这种矛盾更加突出。无处不在的移动支付、网上购物和数字出行让老年人无所适从，移动互联网的数字鸿沟问题得到了前所未有的关注。党的十八大以来，党中央、国务院高度重视人口老龄化问题。党的十九届五中全会将积极应对人口老龄化确定为国家战略。

当"数字化"遇上"老龄化",我们应该如何推进数字技术适老化,建设兼顾老年人需求的智慧社会,让老年人共享数字红利,是当下亟待解决的重要问题。数字技术适老化既是践行数字中国战略的重要举措,也是应对人口老龄化问题的切实需要。

一直以来设计界对于设计问题的研究,都本着"以人为本"的思想。移动数字产品交互设计研究的核心也是人。考虑到研究对象的复杂性,本书从定性和定量的角度,分别展开设计研究。本书首先对老年人的能力特点进行了阐述,主要是依托现有的数据库资源展开综述性的研究。从人机工效学的角度,查找和交互界面操作有关的能力数据;从交互设计的角度,查找相关设计方法和设计建议;从实证研究的角度,查找和本研究相关的实验设计和数据。其次,本书在介绍移动数字产品适老化交互设计基本方法的基础上,聚焦图文问题和眼动研究展开了实证研究。研究通过客观数据的采集及后续分析,帮助我们更加客观地了解老年人浏览界面和操作界面的习惯,对后续适老化研究有指导作用。移动数字产品的适老化设计不能仅仅依托现有产品的适老化,很多产品形式固定,即使做了适老化设计也是局部的修修补补,并不能完全满足老年人的需求,老年人对于移动数字产品的需求已经逐渐向纵深发展。因此本书最后主要针对老年人数字交流产品和数字医疗助手产品进行了设计实践。虽然这些设计还存在一些不足,但也是一次突破性的尝试。在此特别感谢吴佳颖、包佳悦、唐一心和王朱平。

由于笔者水平及时间所限,书中不足之处,敬请广大专家和读者不吝指正。

胡莹

目 录

第3章　移动数字产品适老化交互设计的基本方法　/ 044

第4章　基于设计元素的适老化交互设计研究　/　075

第7章　基于图文元素的适老化交互设计实证研究实例二　/　114

第 8 章　移动数字产品适老化交互设计应用实例　/ 135

第 9 章　移动数字产品数字适老化交互设计对策研究　/ 165

第1章
移动互联网
背景下的老年人数字鸿沟

21世纪以来，数字经济飞速发展。通过信息科技建设，我国互联网的发展也进入了新阶段。尤其近十年来，我国积极推进数字化建设，打造数字中国，大力推进5G、物联网、云计算、大数据、人工智能、区块链等新技术、新应用，坚持创新赋能，激发数字经济新活力，数字生态建设取得了积极成效。2021年，国务院出台的"十四五"规划纲要还专门设置"加快数字化发展　建设数字中国"章节，并对加快建设数字经济、数字社会、数字政府，营造良好数字生态做出明确部署。

然而，我国社会的老龄化问题不断深入，人口老龄化衍生出的社会矛盾日渐突出。"数字化建设"与"老龄化社会"正好在这个时间叠加，使得数字鸿沟问题在深度老龄化社会下显得尤为突出。因此，击破老年人的数字技能壁垒，打通数字融入的渠道，建立有效的数字融入机制和实施路径就显得尤为重要。在建设现代化产业体系的道路上，深入推进数字化建设是实现中华民族伟大复兴，实现工业强国、数字强国的必经之路。但是面对庞大的老年人群体，效率和公平如何兼顾？如何让处于社会边缘的信息弱势群体能够获得数字经济发展的红利，促进中国社会包容性和整体性的发展？

2020年以来，政府部门在管理上也更加依赖数字化手段。老年人对于数字出行和数字公共信息获取一窍不通，使得这种原本存在的数字鸿沟问题更加激化。因此，在"数字化+老龄化"背景下，弥合老年人数字鸿沟，提升老年人的数字素养，是全社会需要共同关注和解决的问题。

1.1 研究背景

1.1.1 当"数字化"遇到"老龄化"

党的十八大以来，我国系统谋划、统筹推进数字中国建设，取得了显著成就。目前，我国的数字经济规模稳居世界第二，2021年的总规模已经达到了7.1万亿美元。数字基础设施实现跨越发展，数据资源价值加速释放，数字经济规模全球领先，数字政府治理服务效能显著提升，数字便民利民惠民服务加快普及。2021年，国务院发布的"十四五"规划纲要中对中国的数字经济建设提出了新要求："迎接数字时代，激活数据要素潜能，推进网络强国建设，加快建设数字经济、数字社会、数字政府，以数字化转型整体驱动生产方式、生活方式和治理方式变革。"浙江省作为深化数字化改革的排头兵，提出了数字政府建设"十四五"总体目标：到2025年，形成比较成熟完备的数字政府实践体系、理论体系、制度体系，基本建成"整体智治、唯实惟先"的现代化政府，省域治理现代化先行示范作用显现。在此基础上，细化了5个具体目标，即高质量建成机关效能最强省、高质量建成政务服务满意省、高质量建成数智治理先行省、高质量建成智慧监管引领省和高质量建成数字生态示范省。数字化改革正全面渗透到我国经济发展的各行各业、各个区域。

进入21世纪以来，随着个人电脑和智能手机的普及，互联网已经完全融入了普通人的工作和生活。使用电脑和互联网的能力已经变得越来越重要，互联网极大地提高了人们的工作效率，拓宽了人们的交流渠道，并且加快了信息传播。然而，并不是每个人都能使用这种技术，由区域、阶层、种族、行业、年龄和性别造成的差异，使得相当一部分弱势群体无法使用这种技术，"数字鸿沟"就这样产生了。早在20世纪90年代初，消除"数字鸿沟"就得到了数字经济领域学者的重视，提倡在全社会领域消除数字鸿沟。但是随着信息社会的深入发展，这种鸿沟非但没有弥合，反而有越来越深的趋势。社会弱势群体本身就具有接入数字技术的劣势，他们无法快速掌握数字使用技术，也就无法获得数字经济带来的红利，甚至被数字信息社会无情地抛弃。另一方面，有知识、有能力的人掌握了数字化技能，拥有了更多的信息、资源和财富，数字鸿沟造成的马太效应正逐步凸显。

老年人作为社会弱势群体的主要成员，也深受数字鸿沟的困扰。目前，中国社会的老龄化程度正在不断加深，截至2021年底，我国60岁及以上老年人达到2.67亿，占总人口的18.9%，我国社会的老龄化程度逐步从初步老龄化向深度老龄化迈进。随着年龄的增长，老年人的认知行为能力显著衰退，因此在数字产品的设计需求上和年轻人有很大的差异。但是，现有的数字产品在生产和设计的时候都是以年轻人为目标群体进行的，很少考虑到老年人的需求。对于突如其来的数字化，老年人明显接受能力不足、行为受阻，甚至和数字化社会脱节，并且逐渐产生了信息和情感隔阂，直接造成了社会的不公平和不稳定。同时，老年人数字化技能的缺乏，使得数字经济带来的生活便利变成了阻碍，网络支付、网上诊疗、网上挂号、网上订票、网络购物、网约车等像一条鸿沟横亘在老年人面前，没有掌握数字化技能的老年人正变得寸步难行，这些都直接影响了他们的日常生活。同时，因为老年人对数字信息技术的缺失和不了解，有些老年人还成为了网络诈骗的主要对象，给老年人造成了巨大的经济损失。

1.1.2　数字化改革与老年人数字鸿沟的演化

2020年以来，消除"数字鸿沟"面临新的挑战。中国政府全面推进了数字化改革，政府采用了更多的数字化管理手段，使得管理更加精准和高效，但是也给老龄用户带来了前所未有的生活障碍。根据《中国互联网络发展状况统计报告》[1]，截至2020年12月，中国60岁及以上网民群体占比由2019年底的6.9%上升到11.2%，同比增长了62%[2]。这说明数字化改革期间，老年用户激增，大量的老年人因为数字化管理手段被动接入了互联网。尽管老年人用户数量暴涨，但是老年人在互联网的使用上仍然存在很大的盲点。很多老人需要在志愿者的帮助下才能使用"扫码"的功能，更多的老年人连基本的使用都不会，使用层面的数字鸿沟非但没有缩小，反而越来越大。

研究发现，使用移动互联网的老年人比不使用移动互联网的老年人孤独感减少33.1%[3]。老年人社交应用程序就像老年人的虚拟大学，让他们获得关于养老院、健康和保健的信息，满足老年人社交的需求，让他们与同龄人互动。然而，在中国，针对老年人的社交应用程序的界面设计仍处于起步阶段。所以，在老龄化社会的背景下，全面了解老年人使用智能设备的障碍和他们对智能设备的需求，对于改善他们目前的生活质量至关重要。

不断深化的数字化改革，对已经接入互联网的老年人也有了更多的数字素质要求。网上问诊、网上挂号、网上排查、网上问卷等数字服务形式的出现，使得老年人数字素质的提升远远跟不上数字化改革的步伐。老年人在打车、就医、购物和社交时面临诸多困难，在数字生活中正在逐渐被边缘化，导致事实上的数字排斥、数字歧视和数字阻隔，即被阻隔在数字化生活、工作和学习之外，客观上造成和加剧了代际隔阂，甚至代际冲突。前有老年人被消费场所拒收现金，后有老年人因为没有健康码而被赶下公交车。一时之间，老年人成为了"数字难民"。他们不仅无法共享数字经济带来的高效便捷，反而因为数字化失去了原有的便利。

2020年以来，数字鸿沟也呈现出新的特点。一方面是数字鸿沟的第一层即接入鸿沟变窄，有越来越多的老年人开始被动地接入互联网，新增老年用户的数量甚至超过了新增年轻用户。另一方面数字鸿沟的第二层即使用鸿沟层面正在变宽、加深，错综复杂的使用过程、多变的操作形式、更高要求的操作精度，使得老年人应接不暇，无法在短时间内适应如此多变的互联网。而在数字鸿沟的第三层即知识鸿沟层面，也出现了加深的趋势。不能熟练掌握数字技能，导致了老年人在知识获取上产生了很大的差异[4]。一部分老年人沉迷在短频快的短视频信息中，无法获取高质量的信息和网络话语权；有的老年人轻信网络谣言，无法分辨信息来源的真假；相当一部分老年人根本无法掌握网络学习需要的软件技能……

数字化改革迫使很多老年人不得不使用手机快速接入网络，但是对于这个新生事物，他们显然没有足够的能力进行深度体验。特殊环境下的胁迫效应，虽然使得接入沟变窄，但是使用沟、知识沟却扩大了。人类发展技术的初衷是为人服务，但是对于老年人来说，技术也在逼迫其适应目前的数字环境，从某种意义上来说也是一种对环境的"反向适应"。显然，这些新问题的出现表明：仅依靠原有的政策是难以实现老年人数字鸿沟的弥合的，必须系统性地规划数字融入的实施路径，形成有效的实施方案，切实解决老年人的实际困难。

1.1.3　构建全龄友好包容的数字社会

为了切实解决老年人数字鸿沟所造成的社会矛盾，应对老年人的数字困局。2020年11月15日，国务院办公厅印发关于切实解决老年人运用智能技术困难的实施方案的通知，聚焦涉及老年人的高频事项和服务场景，坚持传统服务方式与智能化服务创新并行，切实解决老年人在运用智能技术方面遇到的突出困难，确保各项工作做实做细、落实到位，为老年人提供更周全、更贴心、更直接的便利化服务[5]。2021年10月，中央网络安全和信息化委员会发布《提升全民数字素养与技能行动纲要》，对"优化完善数字资源获取渠道"和"开展数字助老助残行动"做出重要部署，着力提升老年人、残疾人等特殊群体的数字素养和技能，对于帮助特殊群体共享数字化发展成果，构建全龄友好包容的数字社会具有重要意义[6]。国际电联（ITU）将2022年世界电信和信息社会日的主题定为"面向老年人和实现健康老龄化的数字技术"，充分体现了信息通信行业发挥其主导力作用，加大技术创新来进一步提升适老化改造的力度。

从中央到地方，老年人数字鸿沟问题正得到全社会前所未有的关注。这也是"数字化+老龄化+公共突发事件"三者叠加下所产生的挑战和契机。在以往的数字融合中，由于老年人市场缺乏商业价值，数字信息企业在进行设计开发的时候是把老年人的需求排除在外的。但是在如今的数字环境下，老年人用户不断增多，老年人直播带货爆火的事件也时有发生，这无疑给企业开发老年人市场增加了动力。加之潜力巨大的老年智慧康养市场，能产生全方位多渠道的老年人数字融合路径。截至2022年5月，已经有325家互联网网站和APP完成了适老化及无障碍改造，其中50多项是与老年人相关的APP。

1.2　数字鸿沟的概念

1.2.1　数字鸿沟的缘起

数字鸿沟（Digital Divide）指的是能够获得现代信息和通信技术的人口和地区与无法获得现代信息和通信技术的人口和地区之间的差距，并且这是由经济发展水平不同而造成的个人、家庭、企业、区域和国家之间的差距[7]。在20世纪末之前，数字鸿沟主要指有电话和没有电话的人之间的鸿沟。20世纪90年代末之后，这个词开始用来描述那些有互联网接入和没有互联网接入的人之间的差距，特别是宽带接入。数字鸿沟的存在反映了社会经济发展不平衡所造成的不公。它通常存在于城市和农村之间；受过教育和未受过教育的人之间；社会经济团体之间；工业化程度较高和较低的国家之间。即使在一些能够接触到技术的人群中，数字鸿沟的另一端也可以表现为性能较低的计算机、较低速度的无线连接、较低价格的互联网连接和有限的订阅内容访问。

1.2.2　数字鸿沟的演化

即使数字信息技术已经和我们的生活、工作息息相关，数字鸿沟在世界范围内仍然存在。2019年的一份研究报告指出，大约500万美国农村家庭和1530万美国城市家庭仍然没有接入互联网[8]。与此同时，皮尤研究中心（Pew Research

Center）2021年的一项研究表明：家庭年收入低于3万美元的成年人中，24%没有智能手机；收入较低的成年人中，40%没有家庭宽带服务或电脑[9]。13～17岁的青少年中，有近五分之一因为缺乏数字设备、宽带接入等问题而无法完成线上家庭作业；另有1200万儿童无法上网。此外，种族不平等问题也因为数字鸿沟而加剧。没有家庭互联网的美国人中近一半是非洲裔和拉丁裔家庭，高达40%的非洲裔、拉丁裔和印第安原住民后裔在数字素养方面存在不足，直接影响到他们的就业[9]。在全球范围内，发展中国家的数字鸿沟包括缺乏获得数字技术和互联网服务的途径，还可能包括缺乏获得现代化高质量新技术的机会，如手机和Wi-Fi接入。此外，全球的电信带宽也存在不平等。例如，委内瑞拉和巴拉圭的数字接入速度最低，其次是埃及、也门和加蓬。

随着数字技术的发展，数字鸿沟理论有了更加丰富的延展。Friemel强调不同人群对于数字技术和互联网的可获得性和使用性是不同的，并且将信息弱势群体的数字鸿沟分为接入鸿沟和使用鸿沟[10]。第一层鸿沟是指接入鸿沟，即对互联网硬件设备的获得差距，即社会中的不同群体获得互联网接入的硬件条件是有差距的，这种差距是社会贫富差距、社会经济区域发展不平衡等因素造成的。然而，即使解决了互联网设备接入的鸿沟问题，在同样的硬件设备条件下，不同群体对于互联网的使用和数字技能的掌握程度也是有巨大差异的，也就是使用鸿沟、技能鸿沟，即第二层鸿沟。当互联网普及率越来越高，第一层鸿沟逐渐开始收窄，这时候第二层鸿沟就开始变得更重要了。不同群体在上网时间、上网目的、从事网络活动的内容都是有差距的。其中老年人和年轻人的代际差距，就不仅仅是简单的接入鸿沟问题了。这两个群体从使用软件的难易程度、使用方式、使用习惯、上网时间和经常使用的软件都是呈现巨大差异的。目前，老年人在互联网中只属于边缘人群，很少有接入设备在设计时是为老年人考虑的，这也导致了信息资源在接入之初就倒向了年轻人。年轻人作为互联网的主力军，在软件操作难度和互联网运用深度接入上都远远高于老年人。即使老年人掌握了基本的使用功能，但还是缺乏意见深度表达、互联网创造等高端数字技能，老年人只是把互联网当作简单的通信工具，并没有把它当作信息获取和意见表达的主要媒介。

中国自从1995年接入了互联网后，一直以建设"数字信息强国"为目标，大力发展互联网信息技术和相关产业。尤其近年来的"互联网＋、人工智能、大数据、物联网"，让中国的信息产业迅速腾飞。但是老年人的数字素养却明显不能跟上技术发展的速度，老年人数字鸿沟的问题也一直没有得到社会各界的重视。他们好像在数字社会中逐渐成为了"数字失声群体"，甚至被遗忘。当年轻人可以通过视频和同伴欢度生日，上网购买必需的生活用品，获得最新的公共信息时，老年人却在长时间的独居中独自承受着孤独和信息缺乏。

弥合数字鸿沟之路仍然任重道远。麦肯锡2020年的一份报告指出，伴随数字化进程的推进，教育工作者和学生开始远程学习，低收入家庭可能无法获得正确的技术，他们甚至没有接入的设备，学习机会变少了。由于视频点播、视频会议和虚拟教室等服务的兴起，这些服务需要接入高速互联网，信息弱势群体甚至负担不起这些服务费用。这一点也在老年人群体中表现得更加明显。越来越多的生活琐事需要通过网络来办理，但是他们却没有基本的设备和数字技能。

为了弥合数字鸿沟，世界各国从构建包容性和整合性社会的角度出发，出台了一系列政策。联合国每年通过庆祝世界信息社会日，帮助提高人们对全球数字鸿沟的认识。它还成立了信息和通信技术工作组（Information and Communication Technologies Task Force），以弥合全球数字鸿沟。为了应对数字鸿沟，英国政府建立了一个新的名为"技能工具包计划"的免费在线学习平台，用于提高民众的网络数字技能。此外，政府还宣布为数字技能"新手训练营"提供800万英镑的资金。为了解决数字鸿沟及其相关社会治理问题，美国政府在"美国就业计划"（American Jobs Plan）中专门设置了一项650亿美元的预算，预期在8年内弥补美国数字基础设施缺口。这项计划试图解决"最后一公里家庭互联网接入"问题。

随着数字化进程的推进，德国老年人对互联网的态度也发生了改变。德国信息技术、电信和新媒体协会（BITKOM）2021年6月初公布的调查结果显示，德国65岁以上老人上网人数从1月的48%增加到49%；认为数字化是一个机会的比例从64%增加到69%；把互联网看作危险事物的比例从33%下降到29%。"互联网对老年人的重要性正在增加。德国老年人面临的数字鸿沟很大，需要政府和社会的大力支持。"BITKOM协会主席贝尔格说。德国政府推出了老年人互联网战略，希望通过基础建设及开展相关项目，在未来10年把老年人的网络普及率从目前的不到一半提升到80%～90%。德国还成立了一个数字机会基金会，资助相关项目。"如果政府在学校投入几十亿欧元来促进数字化学习，那么在老年人网络学习上的资金投入也非常有必要。"德国不来梅大学信息技术专家库比切克如是说。德国将培训一批专门的老年信息技术辅导员。这些信息技术辅导员来自老年中心、养老院、社区学院等机构。

数字鸿沟问题应该得到全社会广泛而持续的关注，只有直面由代际差别、收入差别、教育差别、地域差别等导致的数字化基础设施和数字素养的不平衡，才能实现普惠各类人群的"数字无障碍"数字服务。

1.3　老年人和移动数字鸿沟

1.3.1　老年人与互联网

随着时间的推移，老年人中使用互联网的比率稳步增长。中国60岁以上的老年人中使用互联网的比率，从2012年的14.4%，增长到了2021年的43.2%。这种情况在美国也同样出现，2000年65岁及以上的老年人中只有12%使用互联网，2004年增长到22%，2008年增长到38%，2012年增长到53%，2016年增长到67%。虽然这表明随着时间的推移，老年人使用互联网的比率有相当大的增长，但与一般成年人相比，老年人仍然落后[11]。

但是这些数据还是掩盖了老年人群体在互联网体验方面的强烈差异，即老年人群体中也有明显的代际分化。在美国，82%的年轻老年人（65～69岁）是互联网用户，75%的70～74岁老年人是互联网用户，60%的75～79岁老年人是互联网用户，44%的最老老年人（80岁以上）是互联网用户[11]。对老年人进行组内年龄比较的研究发现，两者之间存在明显的线性关系，随着年龄的增长，互联网使用下降。瑞士70岁以后的老年人上网频率呈指数级下降，这些数字都表明存在明确的"灰色数字鸿沟"。年龄最大的人（80岁以上）上网的可能性也是最小的。因为这些老年人在互联网大规模普及之前就已经完成了他们的工作生涯。退休前的计算机使用经验也被认为是老年人互联网接入的一个重要预测因素，这是因为队列效应可能对人们晚年是否上网产生了影响。

以银行业的数字化为例，银行业的数字化同样给老年人带来了生活的不便。根据英国银行家协会（British Bankers' Association）和国家统计局（Office for National Statistics）的数据，英国的银行或建筑协会分支机构数量从1986年的21643家下降到2018年的11065家，减少了49%。此外，几家银行和建筑协会宣布在未来几年关闭更多的分行，这导致人们不得不走更远的路才能到达最近的分行，以满足他们的银行需求，这给那些老年人带来了很多不便。同时，网上银行的用户数量增长非常快，据估计，大多数客户每周至少使用一次网上银行应用程序，有三分之一的用户每天访问网上银行。鉴于对银行设施物理访问的下降和网上银行的增长，有必要让尽可能多的客户使用网上银行接口，特别是老年人群体。随着数字技术的快速发展，网上银行的载体也从台式电脑上的网站转变为移动设备上的应用程序，老年人很难适应这种快速的转变。有人建议，网上银行服务提供商应考虑细分市场，"为用户提供差异化服务"。鉴于年龄较大的用户与最常使用网上银行的用户是非常不同的用户群体，可以将这些用户隔离开来，并为他们提供另一个版本的简化用户界面，方便老年人使用。

那究竟是什么原因导致老年人不使用互联网？除了缺乏访问互联网的技术设备外，研究发现老年人不使用互联网的主要原因，一是动机冷漠（觉得互联网上的信息无用或与个人生活相关性不大），二是知识不足。从代际因素的角度考虑，不同年龄段的老年人遇到的障碍都是不同的。Lee等人调查了50～93岁共243名不同年龄段的老年人，确定了影响老年人互联网使用的四个因素：①内部因素，如动机和自我效能；②功能限制，如记忆力或空间定位下降；③结构限制，如成本；④人际限制，如开始使用互联网或向某人发送电子邮件时缺乏支持。他们对"老年人前期"（50～64岁）、"年轻老年人"（65～74岁）和"年长老年人"（75岁以上）这三个年龄段的人进行了比较，发现这四个因素在不同年龄段的影响程度不同[12]。

由于老年人和年轻人在互联网使用上存在的巨大差异，比如通过互联网获得信息、参与网络公共生活、娱乐、消费和出行上的差异，就造成了数字鸿沟中使用沟的扩大，这也是目前老年人数字鸿沟中的首要问题。如何缩小老年人数字鸿沟已经成为国内外学者普遍关注的问题。综合国内外现有研究，我们发现老年人数字鸿沟受到以下几个因素的影响：一是适老化设计的缺乏，从互联网数字产品的设计开始就没有关注老年人认知上的特殊需求，造成了老年人的接入门槛障碍；二是在数字化进程中，全社会缺乏对于老年人的关爱，没有形成全社会数字化助老的机制，缺乏从接入到使用全流域的老年人培训帮助体系，没有形成有效的人文关怀联动机制；三是老年人网络话语权的匮乏，老年人缺少有效的网络发声平台和聚集地，没有打通线上线下融合的发声渠道。

1.3.2　老年人与移动互联网

在移动互联网领域，根据第50次《中国互联网络发展状况统计报告》[13]，从1994年到2009年，互联网的载体主要以PC终端为主。2006年6月，CNNIC（中国互联网网络信息中心）首次公布中国手机网民数量——1300万；截至2009年12月，中国手机网民占比首次超五成；2012年6月，通过手机接入互联网的网民数量达到3.88亿，手机成为了我国网民的第一大上网终端。2010年以后，伴随移动互联网的飞速发展，我国手机网民数量增长强劲，手机网民占整体网民的比例从2010年12月的66.2%跃升到2022年6月的99.6%。近年来，随着物联网发展速度不断加快，蜂窝物联网用户规模持续扩大。截至2021年12月，我国60岁及以上老年网民规模达1.19亿，占网民整体比例的11.5%，60岁及以上老年人口互联网普及率达43.2%。但是我国非网民中大部分都是老年人，从年龄来看，60岁及以上老年群体是非网民的主要群体。截至2022年6月，我国60岁及以上非网民群体占非网民总体的比例为41.6%，较全国60岁及以上人口比例高出22.5个百分点。

可喜的是，移动互联网正逐渐成为老年人跨越数字鸿沟的"利器"。在老年网民使用互联网接入设备的调查中，手机的使用"遥遥领先"。截至2021年12月，老年网民使用手机上网的比例达99.5%，与网民整体的使用比例基本持平；而老年网民使用电视及各类电脑设备上网的比例不足20%，使用智能家居和可穿戴设备上网的比例不足10%，远低于网民整体的使用比例。

老年人移动互联网的使用方式呈现新的态势。首先，在老年人经常使用的移动应用中，即时通信、网络视频、互联网政务服务、网络新闻、网络支付是最常用的五类应用，使用率分别达90.6%、84.8%、80.8%、77.9%、70.6%；其中，老年网民对网络新闻的使用率较网民整体高3.2个百分点，是唯一一个老年网民使用更多的应用类型，体现出老年网民追时事、追热点的圈层特点。其次，短视频成为老年人群体中"有力拉新"的助推器。31.3%的老年新网民表示第一次上网是看短视频，21.5%的老年新网民第一次上网是使用即时通信或聊天工具，8.2%的老年新网民第一次上网是看网络新闻。

在老年人移动应用使用能力方面，数据显示，能够独立完成购买生活用品、查找信息等网络活动的老年网民相对较多，占比分别为52.1%和46.2%；能够独立完成叫车、订票、挂号等网络活动的老年网民相对较少。对于不会用的智能设备或APP，55.7%的老年网民选择"请家人或朋友帮忙使用"，21.1%的老年网民选择"放弃使用"，20.0%的老年网民选择"根据系统提示，自己学习使用"，体现出老年网民对外界帮助具有较大依赖性。截至2021年12月，13.2%的老年网民使用过手机应用上的老年人模式，成为老年群体畅享网络世界的"先行体验者"；33.9%的老年网民听说过老年人模式，是进一步推进适老化探索的"潜在体验者"。

1.3.3 老年人接入鸿沟的影响因素

对于移动数字产品，非网民老年人普遍还是存在着接入鸿沟和使用鸿沟的问题。第一是对于移动数字产品普遍具有排斥心理，不想学习新技能、了解新产品；第二是对于移动数字产品感觉比较陌生，无法和自己原有的经验知识对接，对操作流程和操作步骤完全没有概念。

在学习和使用新技术方面，年长的用户通常比年轻人面临更多的困难。他们经常犯更多的用户错误，需要更多的帮助，并需要额外的时间来完成任务。这些关乎学习能力和使用能力的问题可能会使老年人在学习使用互联网相关的新技术时产生高度的挫败感和焦虑。总的来说，这些因素可能导致更多的消极刻板印象，可能会影响他们在学习新技术时的表现，特别是会让他们在新技术接入阶段产生障碍。具体来看，主要有以下几方面的因素导致了接入鸿沟的产生。

（1）心理因素

心理因素仍然是阻碍老年人学习和使用数字信息技术的主要障碍。Rosenthal研究了老年妇女的计算机素养，发现焦虑和缺乏自信是老年妇女学习使用计算机的两个主要障碍[14]。在她的研究中，近48%的受访者表示，在开始学习如何使用电脑时，他们经历了紧张的感觉和焦虑的情绪。Buse认为，老年人对使用计算机技术的犹豫可能与年轻一代对该技术的独特看法有关，后者通常将其视为休闲娱乐的设备，但对于退休的老年人来说，这项技术可能有助于他们继续从事与工作相关的活动[15]。在关于老年人决策和个人信念等方面的研究中，研究者同样发现缺乏自我信念与无法完成任务存在联系[16]。比如，在老年人评价自己使用智能产品经历的研究中，老年人经常用感到陌生、焦虑和感觉太老等词语来评价自己的使用经历。

限制老年人使用数字信息技术的另一个因素与互联网信息的可信度有关。Clark等人认为，老年用户不愿意访问网站或访问聊天室的原因是他们对这些虚拟场所缺乏信任[17]。Gatto和Tak还指出，老年人不愿意使用互联网，因为他们觉得自己的个人信息有被盗的风险[18]。

（2）社会环境因素

除了心理因素，还有来自社会环境的障碍，如缺乏支持、需要帮助、缺乏培训计划，这些也使老年人远离数字信息技术。Mann等人的研究就证实了，缺乏计算机使用方面的知识和可用的培训项目是老年人不愿使用这一技术设备的主要原因[19]。然而，Clark揭示了老年人社会偏好的不同而导致的局限性，比如老年人更喜欢面对面进行长时间的交谈，而不是把所有东西都打出来通过互联网发送[17]。为了解决老年人在处理信息技术时的这种担忧，Lehning等人主张使用数字化的方法使社区生活变得更适合老年人，缺乏互动、不熟悉和不适应的技术仍是老年人接入鸿沟主要的社会环境障碍[20]。

（3）无法获得技术

老年人学习和使用数字技术的第三大障碍是无法获得该技术。一些年龄较大的老年人更有可能患上某些与年龄有关的疾病。这些劣势条件将对他们采用数字技术造成物理上的限制。更具体来说，关节炎、视力缺陷和人体工程学因素（例如字体大小）等都可能导致智能产品用户的一些不良表现。此外，除了身体条件之外，老年人的经济状况也是一个问题。当他们寻求使用数字技术时，计算机和智能手机设备的成本和互联网接入的价格也给他们造成了限制。

1.3.4　老年人使用鸿沟的影响因素

了解用户的需求是产品设计师的职责。随着老龄化社会的到来，老年人作为用户群体受到广泛的关注，产品设计师在设计中也会遇到很多适老化设计的问题。由于认知和行为能力的下降，老年人比年轻人更难以使用复杂的设备。影响老年用户操作产品能力的因素有很多，包括个人用户体验、技术熟悉度和个人差异等。因此，老龄用户对设计的需求不能仅从年龄因素来讨论。

（1）个人差异因素

在个人差异因素中，认知衰退是导致个人差异的主要原因。老年人对于数字产品的技能掌握障碍也是其知觉和认知衰退导致的，他们也能快速掌握新技术的使用方法，但是经常遗忘，即使学会了也需要大量的重复性练习才能达到熟练使用的效果。比如阿尔茨海默病是影响老年人认知的一种神经退行性疾病，值得引起设计师的关注。轻度认知障碍（MCI）是阿尔茨海默病的前兆和过渡阶段。它是老年人认知能力下降造成的常见慢性病之一。轻度认知障碍的一个常见症状是主观认知能力下降，因此很容易被误认为是衰老导致的记忆力和注意力减退。患者感觉自己的记忆力比以前差了，但测试结果在正常范围内。这意味着他们的记忆衰退还没有发展成阿尔茨海默病，而且这种症状还没有对他们的日常行为和生活产生实质性的影响。然而，记忆力衰退会影响复杂的日常活动（例如，使用科技产品、烹饪食物和正确服药）。大多数老年人（包括健康的人）独居或与家人一起生活，他们在日常生活中可能会使用各种数字产品和日用品。疾病导致的认知衰退深深地影响了他们与产品界面的互动。Schmidt和Wahl的研究就表明，与轻度认知障碍患者相比，健康的老年人在使用日常科技产品（如电子血压计、手机和电子书阅读器）时较少出现操作错误，并获得了更好的操作体验[21]。Castilla等人揭示，与普通用户相比，MCI被试（这里指实验的参与者）对界面操作要素的认知程度较低。因此，应该把主要的交互操作元素放在屏幕的中间位置[22]。

此外，Hedman等人强调，随着时间的推移和疾病状况的变化，轻度认知障碍患者表现出不同程度的认知能力恶化，这使他们认为科技产品越来越难使用[23]。那些原本就很难使用的产品现在操作起来更具挑战性，而那些原本简单易用的也不再那么容易使用。

（2）老年人和直观交互设计理念

近年来，"以用户为中心的设计"理念受到了交互设计领域的广泛关注。这种设计理念强调产品应该顺应用户，而不是强迫用户去适应它。如果设计师能够了解老年人用户的产品操作和交互特点，就可以设计出符合老年人用户或可供认知能力下降的用户进行直观操作的产品界面。大量的研究表明，用户过去的经验和知识对实现直观交互起着至关重要的作用，它们是影响用户与产品界面进行直观交互的关键因素。通过熟悉的经验和知识，用户可以快速、下意识地操作产品。由于记忆减退，老年人在产品操作和界面交互过程中，往往依赖其短期记忆、注意力或潜意识行为。因此，进一步了解符合老年人认知的更直观的界面特征和形式，可以促进老年人用户直观交互界面设计的开发，从而改善老年人的数字生活。直观交互的概念就是在这样的背景下产生的。

直观交互提倡用户在不需要培训的情况下与系统交互。由于这种交互的基础是用户以往的经验，比如用户根据之前使用过的交互功能，可以实现直观的交互，即界面应该提供用户熟悉的交互、隐喻或体验。拟物化设计就是以这个理念来展开设计的。

根据Basalla的定义，拟物化是："设计元素或结构元素，在由新材料制成的人工制品中没有任何用途，但对由原始材料制成的物体来说是必不可少的。"[24]与许多界面设计的隐喻一样，拟物图像允许用户利用他们对物理物的现有知识与数字虚拟物进行交互。然而，拟物并不是简单地暗示现有的物理对象，而是模仿它们所代表的物理对象的外观、感觉和行为。比如音频播放器中的音量控制，它由一个旋转控件表示，可以通过旋转来增加或减少音量——与汽车音响的物理音量控制相同。因此拟物设计能快速地调动用户的记忆和经验，进行交互和操作，并且能进一步加深用户与交互系统的熟悉程度。

然而，近年来更常见和流行的用户界面设计风格是扁平化设计，它不复制或模仿任何现实事物的样式。相反，扁平化设计的界面由带有文本或图标的按钮或框组成，与物质世界没有真正的对应关系。扁平化设计强调去除冗余、厚重和繁杂的装饰效果，具体表现在去掉了多余的透视、纹理、渐变，以及能做出3D效果的元素，这样可以让"信息"本身重新作为核心被凸显出来。同时在设计元素上，则强调了抽象、极简和符号化。例如：Windows、Mac OS、iOS、Android等操作系统的设计已经往"扁平化设计"发展。其设计语言主要有Material Design、Modern UI等。但是对于老年人来说，这样的设计可能造成认知障碍。抽象的符号和图标，给老年人无形中造成了陌生感，让他们无所适从。在学习新技术的过程中也很难产生短时记忆甚至长时记忆。

（3）技术熟悉度

熟悉度是"已经掌握的知识（可以包括人、事或物），或与某物的亲密性"，可以是基于经验对特定物体的行为或功能的理解。然而，它也可以指对某事的偶然认识，例如我们试图熟悉建筑物的出口、安全指示或游戏中的指示。熟悉度同样也是直观设计理念中强调的因素之一，它强调让用户在更加熟悉的环境和场景中进行操作，可以让用户克服陌生感所造成的新技术恐惧。

在WIMP（即Windows，Icons，Menu和Pointing的首字母缩写）人机交互中，熟悉度往往被用于新用户界面的设计，包括用户已经熟悉的方面，并对其进行扩展或增强，比如提供用户已经掌握的物理设备与之交互，识别常见手势，或提供物理控制的虚拟版本。这可以让用户通过他们已经熟悉的方面来更容易地理解新接口。实际上，拟物化界面试图利用这种熟悉性来呈现隐喻。这样的界面设计可以唤起熟悉的物理对象，用户就会知道如何与它们互动。

老年人对自己操控数字产品的能力缺乏信心，因为他们低估了自己掌控技术的能力，而选择合适的隐喻设计可以增加年长用户的自信程度[25]。在界面设计中采用熟悉事物的隐喻可以激发老年人的信心，因为用户已经有与熟悉物（启发隐喻的物体）交互的经验，而不是暴露在完全陌生的场景中。

熟悉度也可能因为代际而产生差异。不断接触技术的年轻用户所熟悉的东西，对年长用户来说可能不熟悉。例如，对许多年轻人来说，网上购物已经成为默认的习惯，而对老年人来说却不是，网上购物的体验与商业街购物非常不同，导致用户浏览、比较、选择商品和支付的方式与熟悉的物理场景完全不同。同时，在技术互动时，与年龄较大的用户相比，年轻人对熟悉的产品和不熟悉的产品都表现出较好的熟悉程度。Lawry等人使用访谈、观察和回顾性编码相结合的方法来测量熟悉度，并且发现年龄与对技术产品的熟悉度呈负相关关系——年龄较大的用户对产品的熟悉度较低，甚至对他们已经拥有的产品也不熟悉[26]。当在熟悉的设备上执行操作任务时，年轻用户比年长用户更喜欢将操作组合在一起，这表明他们对这些任务有经验和熟悉程度。同样，年轻用户在实际执行任务时更熟悉，他们更频繁地选择"非常流畅和有效的性能"的选项。

交互界面中的熟悉度设计已经引起很多研究者的关注，但是对于熟悉度在适老化交互界面设计中的应用，显然还是不够全面和深入的。因此，设计师和研究者必须规范化地测量熟悉度，并且合理应用熟悉度因素来展开适老化设计。

参考文献

[1] 中国互联网络信息中心. 第45次《中国互联网络发展状况统计报告》[R/OL]. [2020-04-28]. https: //www. cnnic. net. cn/n4/2022/0401/c88-1088. html.

[2] 中国互联网络信息中心. 第47次《中国互联网络发展状况统计报告》[R/OL]. [2022-02-03]. https://www.cnnic.net.cn/n4/2022/0401/c88-1125.html.

[3] GUO Z, ZHU B. Does Mobile Internet Use Affect the Loneliness of Older Chinese Adults? An Instrumental Variable Quantile Analysis [J]. Int J Environ Res Public Health, 2022, 19（9）.

[4] 韦路, 张明新. 第三道数字鸿沟：互联网上的知识沟 [J]. 新闻与传播研究, 2006, 13(4): 11.

[5] 国务院办公厅. 印发关于切实解决老年人运用智能技术困难实施方案的通知：国办发〔2020〕45号 [A/OL]. [2020-11-15]. https://www.gov.cn/gongbao/content/2020/content_5567747. htm.

[6] 中央网络安全和信息化委员会办公室. 提升全民数字素养与技能行动纲要 [R/OL]. [2020-04-28]. http://www.cac.gov.cn/2021-11/05/c_1637708867754305.htm.

[7] NORRIS P. Digital Divide: Civic Engagement, Information Poverty, and the Internet Worldwide [M]. Cambridge: Cambridge University Press, 2001.

[8] HORRIGAN J B. Analysis: Digital Divide Isn't Just a Rural Problem [Z]. The Daily Youder. 2019.

[9] CENTER P R. Digital divide persists even as Americans with lower incomes make gains in tech adoption [Z]. 2021.

[10] FRIEMEL T N. The digital divide has grown old: Determinants of a digital divide among seniors [J]. New Media & Society, 2016, 18(2): 313-331.

[11] HUNSAKER A, HARGITTAI E. A review of Internet use among older adults [J]. New Media & Society, 2018, 20(10): 3937-3954.

[12] LEE B, CHEN Y, HEWITT L. Age differences in constraints encountered by seniors in their use of computers and the internet [J]. Computers in Human Behavior, 2011, 27(3): 1231-1237.

[13] 中国互联网络信息中心. 第50次《中国互联网络发展状况统计报告》[R/OL]. [2022-08-31]. http://www.cnnic.net.cn/n4/2022/0914/c88-10226.html.

[14] ROSENTHAL R L. Older computer-literate women: Their motivations, obstacles, and paths to

success [J]. Educational Gerontology, 2008, 34(7): 610-626.

[15] BUSE C E. When you retire, does everything become leisure? Information and communication technology use and the work/leisure boundary in retirement [J]. New Media & Society, 2009, 11(7): 1143-1161.

[16] TURNER P, TURNER S, VAN DE WALLE G. How older people account for their experiences with interactive technology [J]. Behaviour & Information Technology, 2007, 26(4): 287-296.

[17] CLARK D J. Older Adults Living Through and With Their Computers [J]. CIN: Computers, Informatics, Nursing, 2002, 20(3).

[18] GATTO S L, TAK S H. Computer, internet, and e-mail use among older adults: Benefits and barriers [J]. Educational Gerontology, 2008, 34(9): 800-811.

[19] MANN W C, BELCHIOR P, TOMITA M R, et al. Computer use by middle-aged and older adults with disabilities [J]. Technology and Disability, 2005, 17(1): 1-9.

[20] LEHNING A J, SCHARLACH A E, DAL SANTO T S. A Web-Based Approach for Helping Communities Become More "Aging Friendly" [J]. Journal of Applied Gerontology, 2010, 29(4): 415-433.

[21] SCHMIDT L I, WAHL H-W. Predictors of Performance in Everyday Technology Tasks in Older Adults With and Without Mild Cognitive Impairment [J]. The Gerontologist, 2018, 59(1): 90-100.

[22] CASTILLA D, SUSO-RIBERA C, ZARAGOZA I, et al. Designing ICTs for Users with Mild Cognitive Impairment: A Usability Study [J]. International Journal of Environmental Research and Public Health, 2020, 17(14): 5153.

[23] HEDMAN A, KOTTORP A, ALMKVIST O, et al. Challenge levels of everyday technologies as perceived over five years by older adults with mild cognitive impairment [J]. International Psychogeriatrics, 2018, 30(10): 1447-1454.

[24] BASALLA G. The evolution of technology [M]. Cambridge: Cambridge University Press, 1988.

[25] MARQUI J C, HUET N. Age differences in feeling-of-knowing and confidence judgements as a function of knowledge domain [J]. Psychology and aging, 2000, 15(3): 451-460.

[26] LAWRY S, POPOVIC V, BLACKLER A, et al. Age, familiarity, and intuitive use: An empirical investigation [J]. Appl Ergon, 2019, 74: 74-84.

第2章

老年人的能力
特点和交互设计启示

2.1 老年人的界定

《中华人民共和国老年人权益保障法》第二条规定，老年人的年龄起点标准是60周岁，即凡年满60周岁的中华人民共和国公民都属于老年人。世界卫生组织对于老年人也提出了年龄划分的标准，即60 ～ 74岁的人群称为年轻老年人，75 ～ 89岁的称为老年人，同时把90岁以上的人群称为长寿老年人。

在大多数的文献中，都将65岁以上的老年人作为研究对象，对于65 ～ 74岁这个年龄段的老年人的研究最多。研究也表明，65岁是老年人认知能力急剧下降的分水岭。显然，世界卫生组织和《中华人民共和国老年人权益保障法》中对于老年人的定义和学术研究中对于老年人的定义有一定的出入。这是因为，学术研究中通常都是选择认知能力明显降低的老年人群进行研究。

内地和香港目前女性的退休年龄是55岁，因此也有部分国内的研究者选择55岁以上的老年人作为研究对象。研究表明，大多数老年人的认知能力早在50岁中期就开始轻微下降，然后在70岁开始迅速下降[1]。值得一提的是，韩国国家信息社会局（NIA）使用55岁而不是60或65岁作为识别老年技术用户的分界点[2]，韩国政府为老年人提供数字技术教育补贴的项目也只适用于55岁以上的人，这为我们做老年人数字障碍研究提供了年龄参考。

定义我们所说的"老年人"是复杂的，特别是考虑到老年人的个体差异。如果要对一个人什么时候是"老年人"这个问题"给出一个数字"，我们很可能会说，老年人是指年龄在65岁及以上的人。然而，这种分类并不总是那么简单。所谓"年轻"和所谓"年老"之间并没有明确的界限，因此，年龄不容易表示为名义上的变量。

年龄本身只作为行为变化的标记，当前衰老研究的一个主要目标是确定在整个衰老过程中发生的具体变化。例如，人类正常语音范围的检测阈值在60岁之后会经历更快的下降。在视觉方面，65岁的人的视觉适应能力受到严重限制，难以跟踪不同距离的物体，但许多人在40岁时阅读小字的视觉灵敏度就开始下降了。

衰老发生在许多层面上，包括生理的、心理的、认知的和社会的。无论我们如何定义，老年人都不是一个同质的群体。个体差异普遍存在于成年人生活的各个阶段。研究人员通常依靠实足年龄来对研究对象进行年龄的界定。通过文献研究，我们把"老年人"分为三类。第一类是我们所说的"年轻老年人"，年龄在65～74岁之间。第二类我们称为"老人"，包括75～84岁的人，第三类是"最老的人"，即85岁及以上的人。

那么，为什么我们考虑的是"老年人"而不是具体的某个人呢？一般来说，尽管老年人具有个体差异，但他们在生理、心理、认知和社会方面有很多共同点。当我们考虑设计时，我们专注于那些允许我们优化设计的相似性。但是，我们也必须意识到它们的个体差异，以便确定我们的设计可以适应谁，不能适应谁。

这些年龄范围的决定，通常是基于研究的用户群体，以及与年龄有关的相关因素的变化。例如，在空中交通管制员的研究中，老年人的年龄范围与正常驾驶员的研究不同。空中交通管制员的最大年龄是56岁，而欧美司机的最大年龄则达到了80岁，甚至没有上限（每四年增加认知能力测试）。因此，在不同的研究中，对于老年人的定义是可以有所不同的。我们建议研究人员在进行年龄分段的时候遵循以下要点。

①研究结果的变化呈现差异显著性　我们必须在一定程度上控制与年龄相关的方差（而不是使用一个较大跨度的样本，比如40～75岁的样本来进行研究），避免AB对照实验中研究结果没有变化显著性。在人的整个生命周期中，会发生很多与年龄有关的变化，这些变化可能会对行为和任务表现产生重大影响。所以不能把年龄段分得过于长或者过于短，这样都会对研究结果产生影响，甚至造成研究结果无效。

②精确度和一致性　我们可以参考人因工程领域关于年龄分类的指南，以及相关研究中对被试年龄段划分的方式。人因工程的标准手册中也能提供不同年龄的成年人在任务中的表现，而且描述更加准确和有用，这可以使我们的设计更适合用户。

③简约法　对于许多研究来说，考虑单个变量可能比多个变量更简单。

2.2 老年人的知觉能力特点和设计启示

视觉、听觉和触觉是人最主要的知觉能力，目前大多数互联网产品都是通过视觉和听觉来提供信息的。我们整理了现有的研究资料，对老年人听觉、视觉和触觉的障碍做出了如下梳理（表2-1）。随着年龄的增长，我们的知觉和认知能力会发生变化，这些变化会对我们与系统的交互方式产生很大的影响。视力变化（看到细节的能力，特别是近距离时）包括周边视力下降，视觉处理速度变慢，对眩光的敏感性增加，甚至颜色感知的变化。与衰老有关的眼睛晶状体发黄，会使区分蓝色、绿色和紫色的阴影更加困难。听力损失往往随着年龄的增长而增加，特别是对于频率较高的音调，老年人不容易感知。相对于年轻人，老年人在嘈杂的环境中理解语音也更困难。例如，在嘈杂的餐厅里，老年人更有可能听不懂对话，或者在有背景音乐的情况下听不懂电影中的对白。如果系统和产品设计没有考虑到与衰老相关的视觉、听觉和其他感官的变化，可能会给老年用户造成认知障碍。

从认知的角度来说，信息影响行为的前提是信息必须首先进入感觉系统，然后进行编码。如果由于知觉系统退化，人们不能完全地感知信息，我们就可能错误地处理信息。同样，触觉知觉也是一个重要的信息通道，比如，我们能感受到手机在口袋中剧烈地振动。触觉线索也能在交互设计中发挥重要作用，给用户提供信息。比如输错密码时的振动设计，手机按键上的凸起设计能帮助视觉障碍的用户快速找到按键等。

因此，为了更好地进行适老化设计，我们必须深入了解和研究老年人知觉的变化程度，以及这些变化对产品和系统设计的影响。

表2-1　与年龄相关的知觉变化——视觉、听觉和触觉

项目	障碍
视觉变化	
视觉敏锐度	解决细节的能力下降
视觉调节能力	聚焦近距离物体的能力下降
颜色辨别能力	辨别和感知较短波长的能力下降
对比检测能力	检测对比度的能力下降
暗适应能力	快速适应黑暗环境的能力下降

项目	障碍
眩光	对强光的敏感性增加
亮度需求	需要更多的照明才能看得清楚
运动感知能力	不容易感知运动的物体，对运动物体的估计能力也降低了
有用视野	有用视野范围缩小了
听觉变化	
听觉敏锐度	探测声音的能力下降，尤其是更高频率的声音，特别是男性
听觉定位	定位声音的能力下降，特别是在频率较高的情况下，以及在人的正前方或后方时
噪声中的听觉	感知语音和复杂声音的能力下降
触觉变化	
触觉控制	抓住一个物体时难以保持恒定的力量
本体知觉与操作	区分单点接触和两点接触的阈值更高
温度知觉	阈值随着年龄的增长而增加
振动	阈值随着年龄的增长而增加

2.2.1 视觉

一般来说，人们准确地解析图像的能力，取决于视觉感知场景中亮度的能力。而随着年龄的增长，视觉的这种亮度感知能力会下降。特别是与年龄有关的视力障碍会极大地影响视觉的光感知能力。老年人的视觉障碍通常是由以下三种病变引起的：视网膜黄斑变性、白内障和青光眼。三组不同年龄的老年人中视网膜黄斑变性、白内障和青光眼的患病率如图2-1所示。由于眼睛的衰老和视觉处理系统结构

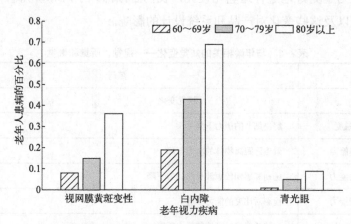

图2-1 三组不同年龄的老年人中视网膜黄斑变性、白内障和青光眼的患病率[3]

的变化，老年人解决细节的能力较低，对亮度、对比度、颜色和运动等关键环境特征的敏感性较低。视觉能力和老年人移动数字产品的适老化设计密切相关，所以深入了解老年人的视觉能力变化也是做好适老化设计的必备条件。

（1）视觉敏锐度

视觉敏锐度是最常见的视觉能力测量方法。常用的测量方法是测量一个人在20英尺（1英寸＝0.3048米）外所能看到的东西，因此，该测量方法也叫20/20（或1.0）视力测量法。视觉敏锐度是描述人眼感知分辨能力的最重要的眼科量。这种测量方法基于人眼对于符号（字母、数字或其他类型的字符）的识别能力。视力会受到各种眼部疾病（其中许多在年龄增长时更常见）和大脑视觉神经恶化的影响。视网膜黄斑变性是老年人视力下降最常见的原因，在这种情况下，人们处理细节的能力下降。比如，患有阿尔茨海默病的人视网膜中心的黄斑变性会导致中心视力下降。白内障也会影响视力，导致晶状体混浊，但这些通常是可以治疗的，而由视网膜黄斑变性引起的视力下降目前还不能恢复。青光眼是眼压增加导致视神经损伤而引起的视力疾病，通过眼睛前部的液体流动受到阻碍，眼前部液体的积聚会导致眼后部压力增加，造成视神经纤维不可修复的退化，最终导致周边视力恶化，如果不治疗，中心视力也会恶化。

但是，老年人也有自己的生理补偿机制。在适应了视力障碍之后，老年人通常能够弥补丧失的部分视觉敏锐度。例如，有研究发现，尽管老年人的视力较差，但他们比年轻人更能感知模糊的文字标志[4]。在这项研究中，研究人员人为地降低了年轻人和老年人的视力，并测量了可以阅读模糊文字标志的大小。研究发现两个年龄组的人都能更好地阅读熟悉的文字符号，但是对新的文字符号较为陌生，任务反应时间更长。当两个年龄组的被试视力都相对较差时（例如，20岁的视力较差者和70岁的视力较差者），老年人阅读文字的尺寸却比年轻人小。因为老年人处理模糊信息的能力可能与他们适应视觉敏锐度变化的能力有关，同时也和较强的自上而下的处理能力（即通过良好的学习和知识的积累来解释信息）有关。所以在模糊信息的阅读中，反而视力能力弱的老年人受到的影响较小。

■ 设计启示

基于老年人视觉敏锐度的变化，在针对老年人的信息显示设计上，我们要将视力下降因素纳入设计范畴，通过增加物品的大小、亮度和对比度，来提高老年人对信息的感知能力。例如，文本通常应该用12号或更大的字体大小显示。尤其是新信息在呈现的时候，要使信息具有显著性，这样老年人才能感知得到。自上而下的信息加工可以使老年人正确识别知觉上模糊的刺激[4]，但当信息加工主要是自下而上时（如新刺激），刺激的清晰度至关重要。例如，一位视力下降的老年人可能无法完全分辨手机主页菜单上的文字内容，但页面设置里的颜色和图标的外轮廓能够提供足够信息。同时，为产品系统进行一致性设计是很重要的，相同含义的元素在不同地方执行相同的操作时，反馈机制需要一致。这样能使自上而下的信息加工更容易被老年人感知（这也是环境支持的一种形式）。

在交互设计中，为了适应低视力用户的视觉需求，要最大限度地提高自上而下的信息加工效果。背景线索是另一种形式的环境支持，它可以增加刺激被识别的可能性。例如，老年人识别导航栏上的图标有困难，他可能会依靠标志的颜色和形状来识别标志的类型。然而，视觉敏锐度并不是唯一的与年龄有关的视知觉衰退。老年人视觉认知能力的衰退还会造成多种使用障碍。我们将在下文中一一展开探讨。

（2）视觉调节能力

人的眼睛可以通过睫状肌来调整晶状体的曲率，以聚焦不同深度的物体，呈现清晰的视像，但是老年人视觉调节的能力随着年龄的增长而衰退（俗称为老花）。人在看较远的物体时，眼球的水晶体较为扁平，看近的物体时，水晶体较为凸起。所以视觉调节能力的下降也是近端视觉敏锐度下降的主要原因。通常从40岁开始，人的视觉调节能力就出现了下降。65岁时，晶状体调节能力下降到只有一定距离的物体才能聚焦在视网膜上，这意味着在这个距离外，显示的信息不能被老年人清楚地感知[5]。

■ 设计启示

为了减轻视觉调节能力下降造成的视觉障碍对老年人数字产品使用体验差的困扰，首先，在设计中，我们应该尽可能减少老年人在同一时间对于不同距离的注视。而且在具有多个显示器的系统中，让用户尽可能地与显示器处于最佳阅读距离，这将减少老龄用户在扫视显示器的过程中产生不必要的头部运动，使老年人能更加清晰地看到信息。同时，可以增大屏幕上显示的字体、图标或者图像，让老年人能快速感知到信息。增加界面的色彩设计，帮助老年人识别和记忆不同的信息。

（3）颜色辨别能力

老年人辨别颜色的能力随着年龄的增长而下降，由于晶状体变黄，老年人不能辨别波长较短的光，如蓝光和绿光。在光线较暗和色彩饱和度较低时，老年人对于颜色的辨别能力降低也会显得较为突出[5]。但是老年人对红色以及黄色光谱具有较好的识别能力。

■ 设计启示

在信息可视化设计中，色彩编码仍然是一种不错的方法（例如，在一个页面中表示多维数据），但色彩编码应避免较短波长的光，或仅使用单一的蓝色或绿色，从而避免老年人在这些颜色范围内进行比较，产生色彩混淆。当需要呈现许多不同层次的信息时，不应该使用色彩编码，而应该采用饱和度高的颜色。比如用红色和橙色，尽量使用明亮的暖色，让老年人可以感受到温馨的美感。在用冷色进行设计时，会让老年人感受到素雅以及纯净，但要注意把握好使用冷色光谱色彩的对比度，不要对比度过低。

（4）对比检测能力

在搜索刺激物和完成阅读任务时，高对比度对所有年龄段的成年人都很重要，对老年人尤其重要。相比之下，无论是年轻人还是老年人，视力较差的人更容易受到视力下降因素的影响。然而，和视觉敏锐度一样，老年人的对比敏感度也会降低。对比敏感度降低的部分原因是光线进入眼睛时的散射，这样来自图像的光线就会分散到视网膜上，在视网膜上形成更均匀的光分散。

■ 设计启示

数字产品的交互界面设计中，最佳的文字颜色对比应该是黑白色对比。如果使用颜色来显示信息，色环上靠近的颜色不应该一起使用（例如，橙色背景上的红色图标）。此外，可以通过使用情境的颜色衬托，来缓解对比度降低的影响，也就是通过自上而下的信息加工来帮助老年用户正确地识别刺激。

（5）眩光和明暗适应能力

每个人都有与自己的视觉能力相适应的光线水平，当一个人所处的环境光线高于此水平，就会发生眩光。眼睛的衰老会导致角膜散射光在到达视网膜之前发生变化，使晶状体吸收更多的光，瞳孔变小，从而使到达视网膜的光变少。由于光在老年人眼睛中的散射，眩光对老年人来说是一个更大的问题，因为多余的光更多地分布在眼睛上，本质上减少了人对视野范围的感知。老化的眼睛对明暗的适应也较慢。随着到达视网膜的光量减少，视网膜适应不断变化的光线条件的速度也就变慢了。

■ 设计启示

对于老年人来说，这些光感的变化不能通过外部知觉辅助来解决，因为它们是角膜的衰老造成的。但是，可以增加环境照明来帮助老年人提高视觉感知。但是很多老年人的家里没有最佳的照明，特别是晚上（尽管老年人想要使用更多的光来弥补他们的视力障碍）。适当的照明对优化信息的感知至关重要。如果可能的话，将照度提高到至少100cd/m$^{2[2]}$。而且道路、办公室和家庭布局的照明水平应该保持平衡。为了减少眩光，光源应该被扩散，并被部分遮蔽以产生环境光，而不是直射光。应该避免使用镜子和有光泽的表面，因为不扩散的反射会引起眩光。多个光源可以减少刺眼的阴影，使环境中的光线更加均匀。这些与衰老有关的视觉变化都与驾驶和电子产品的使用密切相关。白天开车进入隧道时，老年人的视觉感知更容易受到影响。在道路和隧道的设计中，照明应尽可能保持恒定，以减少对老年人的负面影响。同样在交互界面设计中，也应该提供合适的屏幕亮度，既不能损伤老年人的视力，也能够提供足够的照度。

（6）物体运动感知能力

相对于年轻人，老年人对物体运动的感知能力较差。比如在驾驶场景中，老年人比年轻人更容易在驾驶中发生碰撞，因为他们很难预估一些可能发生的碰撞，从而避免碰撞的发生。

■ 设计启示

因为老年人对物体运动感知能力的下降，使得老年人对潜在碰撞信息的感知降低，可能会造成他们的安全驾驶能力下降。所以在设计中，必须对老年人强调相关动作的含义，并且进行暗示或隐喻设计，帮助老年人借助这些提示提高对物体运动的感知能力。同时通过数字技术，加入预警和提示，给老年人提供一些环境支持。目前的移动数字产品中还不太需要调动老年人对于运动的感知能力，但是随着技术的深度发展，数字产品的呈现形式也会变得多样，新的适老化数字设计需求也会接踵而至。

2.2.2 听觉

听觉信息会出现在各种各样的环境中。博物馆和展览厅可能在展区播放讲解录音，培训材料可能是一个视频，计算机会发出警报，许多产品系统采用听觉刺激来告知用户系统的状态，安全高效的系统交互中也有基于用户听觉感知的交互。但老年人的听觉也会衰退，老年人的听觉衰退主要体现在听觉敏锐度下降、声音定位能力下降、嘈杂环境中听觉退化这三个方面。

（1）听觉敏锐度

除了整体听觉敏锐度下降外，老年人的听力下降还表现为对不同频率范围内的声音感知也存在差异，其中较高频率（大于8000Hz）的听力感知损失更大。此外，男性的高频感知比女性差。

■ 设计启示

在计算机应用中，高频刺激有时被用作警报或指示器。由于男性的高频感知能力普遍更差，尤其是老年男性可能无法感知这些刺激。在设计中，老年人可能使用的任何系统或产品都应避免使用高频声音。高频警报如果没有被感知到，它就是无用的。如果听觉刺激的设计是为了吸引用户的注意力，听觉警报不应超过4000Hz[6]。

（2）对声音的空间定位能力

老年人对声音的空间定位能力较差，特别是容易出现前后定位错误。当高频缺陷发生时，相对于方位角（右和左），仰角维度（上和下）的定位更加困难。此外，老年人对高频声音的定位能力也有所降低。

■ 设计启示

因为老年人对高频声音的定位能力降低，所以要避免高频听觉刺激。当听觉刺激的作用是将老年用户的注意力引导到刺激源时，刺激应在5000～8000Hz之间呈现。此外，为引导注意力而设计的听觉刺激不应该直接呈现在用户的背后或前面。必须用尽可能近的声音，持续足够长的时间，让老年人能够转过头来定位声音，从而避免前后场景定位的错误。

（3）嘈杂环境中听觉的退化

除了单一的听觉刺激，许多听觉信号和语音都发生在嘈杂的环境中，例如，在办公室中，往往夹杂着电脑风扇的发"嗡嗡"声和同事的交谈声。当听觉退化时，在嘈杂环境中，老年人比年轻人更难以感知语言。

■ 设计启示

老年人在嘈杂条件下的听觉感知困难，设计者在嘈杂环境中呈现信息时，应该使用视觉模式而不是听觉线索。听觉线索可以通过双重编码来增强视觉线索。双重编码即使在安静的环境中也是有益的，比如当我们向用户传递信息时，用户的视觉注意力可能会转移到其他地方。语音感知在高噪声环境中更会受到阻碍，尤其是听力不好的老年人。为了获得最佳的感知，听觉信号应该独立于任何噪声。例如，在为老年人设计的培训材料中，除了相关的教学材料外，不应该有任何声音（例如，没有背景音乐）。因此，设计师要保证听觉信号在没有背景噪声影响的情况下播放，这对老年用户非常重要（例如，博物馆展览中的耳机）。如果听觉信号的播放不能达到这种效果（例如在电梯或地铁车厢中的播报声），可以用文本的形式提供补充信息。压缩的语音对老年人来说更难感知，所以语音速率应该不超过每分钟140个英语单词，中文的语速应该不超过每分钟150个汉字[6]。

在信息的公开展示中，如果环境语音和其他噪声同时存在，可以给老年人提供耳机，也可以在地板、墙壁和天花板上使用吸音材料。

2.2.3　触觉

触觉是指分布于全身皮肤上的神经细胞接受来自外界的温度、湿度、疼痛、压力、振动等方面的感觉。随着人体的衰老，老年人在触觉上也发生了退行性变化。有研究发现，60岁以上的老年人皮肤敏感的触觉点数量显著下降，皮肤对触觉刺激产生最小感觉所需要的刺激强度在年老过程中逐渐增大。老年人的温度感觉和痛觉也较为迟钝，有些皮肤区的这些感觉几乎完全丧失。而且，老年女性痛觉敏感度随着年龄增大而降低的现象比老年男性更明显。在许多情况下，老年人需要更高的阈值来检测温度的升高。同样，与两个点相比，老年人检测单点触碰的能力也有所下降。抓住一个物体并保持一个恒定的力需要触觉控制，而老年人在进行认知任务时可能难以保持力量控制。

■ 设计启示

这些与衰老有关的变化，在触觉方面降低了触觉信息处理的质量，并影响了人与技术的成功交互。例如，如果用振动作为提示，应注意选择振动频率。人对低频（25Hz）振动的敏感性不随年龄的增长而减弱，但对高频（60Hz及以上）振动的敏感性从青少年开始随年龄的增长呈线性下降。关于触觉的敏感性，与上肢相比，下肢的敏感性减退和衰老更加相关。因此，在传递触觉信息时，上半身部位（如手）应优先于下半身部位（如脚）。

2.3　老年人的认知能力特点和设计启示

2.3.1　注意

注意是人们心理活动中对于某个对象的集中关注。注意不是一个单一的科学概念，注意有很多种。与视觉感知密切相关的是有用视野，它结合了视觉处理速度和注意能力。注意较常用的两种类型是选择性注意和注意能力。选择性注意的研究主要集中在关注和处理一组与目标相关的有限信息，而忽略与目标无关的可用信息的能力。注意能力通常研究人类在给定时间内可以完成的"脑力工作"数量，通常采用双重任务方法，对两项任务的表现进行对比，同时可以对人们完成每个任务的注意能力进行评估。选择性注意和注意能力受到衰老的影响，但某些干预和设计在一定程度上能减少这些衰退。

（1）有用视野

有用视野（Useful Field of View，UFOV）是指人一眼就能感知到的视野大小，这是一种对视觉处理速度和注意能力的衡量指标。有用视野可能也会发生变化，这取决于正在执行的任务的性质。例如，当一个人在没有车辆的道路上驾驶时，他的有用视野可能会更大，而当一个人在雨中和交通拥挤的道路上驾驶时，他可能会体验到视野收缩。研究表明，老年人的有用视野受限，容易引发驾驶事故。

■ 设计启示

作为设计师，我们不能假设用户一定会注意或响应视野内的信息。但是，设计师必须考虑老年人的衰老情况，特别是在某些情况下，可以对老年人的有用视野进行评估。同时通过培训，老年人能够更有效地执行任务，有用视野也可以有效地增加。因此，设计师要知道用户群体的有用视野范围，并且确保刺激在他们的有用视野范围内，在必要时也可以通过培训，以增加老年用户的有用视野。

（2）选择性注意

在任何任务中，用户都需要有选择性地关注与目标相关的刺激物，忽略与目标无关的刺激。选择性注意指有目的地将注意力转移到环境中的不同刺激物上。例如，老年人在视觉搜索中可能会积极地寻找某些元素或元素组，比如文字、标志和线框等。而无关紧要的刺激，如次级标题、广告或说明文字等，会暂时分散老年用户的注意力。注意力分散的程度和注意力分散的持续时间会对任务产生严重的影响。老年人随着衰老，他们的选择性注意力也有所下降，容易受到环境中的无关刺激物对注意力的影响。具体来看有以下两个比较典型的障碍。

① 选择性抑制缺陷　认知衰老领域已有大量研究表明，老年人在抑制无关信息方面相对困难。然而，某些抑制系统似乎不受衰老的影响。例如，年轻人和老年人同样能够调整自己的注意力焦点，如排除无关信息，这表明在这种情况下，老年人在抑制无关信息方面没有更大的困难。与年轻人一样，老年人也能够抑制无关刺激的位置，尽管他们抑制无关刺激的能力相对于年轻人更弱。老年人在新的环境中视觉搜索效率较低，例如，在同一区域反复搜索，这表明他们没有注意到这是已经搜索过的地方。在视觉搜索任务中，老年人不能在搜索任务中一直保持注意力，不太能区分以前注意过的区域，也不太能选择性地注意相关区域。值得注意的是，经过广泛的持续训练后，老年人的搜索表现仍然较慢。

② 同时处理多项任务　年轻人和老年人在通过训练后，在多个同时进行的任务中部署注意力的方式不同。比如年轻人和老年人共同参加多任务测试，在接受

多任务显示器训练后，尽管衰老导致的表现差异在训练中有所减轻，但老年人的表现仍然低于年轻人。当他们被要求转移注意力时会更多地专注于另一项不同的任务——也就是说，任务要求没有改变，但注意力分配的方式改变了。老年人主要集中在新的重要任务上，而忽略了其他任务。年轻人能够有效地完成四项任务中的三项，包括新的任务。

■ 设计启示

在任何有多种刺激的环境中，我们必须仔细考虑老年人选择性注意的衰老变化。有很多任务和环境都是具有多个显示和控制因素的，如驾驶、驾驶舱、安全监视任务、医疗显示器和工业控制面板，都要求用户关注环境中的多种听觉和视觉刺激。有一种方法可以提高老年人从充满干扰的环境中选择目标相关刺激物的能力，即增加目标相关刺激物的知觉显著性（或降低分心刺激物的显著性）。当物理刺激改善时，目标相关和目标无关刺激之间的对比增加，相关线索可以更有效地使用。这种形式的环境支持可以引导用户对相关刺激产生选择性注意。

除了增加相关刺激的知觉显著性，我们也应该加入更为明确的设计元素，使用户感到这些刺激的突出。例如，应该告诉老年用户如何较好地区分并且忽略分散注意力的刺激物（给老年用户一个特定的策略来遵循）。比如，对于较为复杂的数字产品，可以设计产品使用手册来指导老年用户使用。在设计手册时，相对于手册中的其他信息，实际的使用步骤应该是显而易见的（可以通过图示）。例如，使用步骤应该用特定的颜色框起来，或者用粗体标题信息进行设置，使老年用户能够在不相关的信息字段中更好地识别相关的使用步骤信息。此外，手册的设计者应该明确告知用户他们应该寻找的线索，而不是要求用户自己识别不同线索的相关性或意义。老年人的注意力更容易被任务环境中感知到的显著刺激所吸引，重要的是尽量减少无关刺激的注意力吸引。吸引注意力的知觉特征包括闪烁、移动、明亮、大声和意外刺激。通过训练，老年人可以提高他们成功选择相关刺激子集的能力。通过训练，老年人能够在分散注意力的刺激中选择重要的刺激。因此，在需要有选择性注意的情况下，应向用户提供训练，直到达到标准表现水平为止。

（3）注意力

老年人用户的注意力障碍主要表现在以下三个方面：

① 分散注意　用户一次只能注意和处理有限数量的信息。注意力指在给定时间内处理、思考和认知操作信息的能力。随着年龄的增长，老年人在执行注意任

务时,可获得的信息加工资源也会减少。例如,老年人在同时执行多项任务时,即在分散注意力的条件下,更难以保持适当的注意力。与年轻人相比,老年人在从单一任务转换到双重任务时表现更差。在双任务注意力的研究中,比如,让不同年龄组的参与者在驾驶中使用辅助工具(例如,数字地图辅助工具、语音、纸质地图),年长的司机在双任务环境中比年轻的成年人有更多的安全性错误。当我们给老年人提供冗余的听觉指导时,老年人的表现则更好。这显然给我们的交互设计提供了很多依据,比如给老年人设计尽可能简单的注意任务,让界面设计更加简洁等。

② 视觉上的混乱　即使是在看似单一的任务中,注意力也会超载,用户的表现也会受到影响。在一个繁忙、嘈杂的视觉显示器上执行搜索任务时,人们需要在扫描显示器时反复定位他们的注意力。当刺激因素变得更加相似或数量增加时,识别和比较刺激因素变得更加困难。一般来说,老年人在高杂波环境中会有更多的困难。在复杂的交互场景中(比如各种混合卖场场景),老年人检测目标图形和标志的速度、准确性都明显低于年轻人。

③ 自动加工　人们可以通过训练获得自动注意反应,即人们反复接触具有一致性映射的刺激物,就可以产生自动关注和回应(例如,搜索任务中的目标)。一致性是指刺激物在出现时属于某一特定类别。在搜索任务中,当目标刺激物不作为干扰刺激物出现和干扰刺激物不作为目标出现时,会产生一致性映射。一致性映射的概念可以直接扩展到自然任务中,如驾驶中刹车灯始终与车辆减速相匹配,图标始终与它们所代表的应用程序相匹配,键盘键始终与它们的位置和功能相匹配。对于环境中这些一致性的特征,用户可以产生非常快速和准确的反应,但老年人的反应速度往往低于年轻人。

自动注意反应对于快速准确地搜索环境中的刺激是很重要的。例如,只要人们经常受到刹车场景的刺激(行驶在前面的车辆减速并且同时出现刹车灯闪烁),就会导致司机自动注意到灯,并通过刹车做出反应。老年人在视觉搜索任务中不会马上对新学习的刺激物产生新的自动注意反应,但在一致性条件下,通过反复练习,注意力会有相当大的改善。

■ 设计启示

基于老龄用户的注意力障碍,我们提出以下设计建议:

① 通过训练提高分散注意力的能力　在一个多任务场景中,比如新手司机所遇到的困境,分散注意就显得很重要了。在这个新的环境中,有了新的显示和控制,有大量的刺激需要监测和搜索,还需要回应。每一个场景都是全新的,即使

有了一些经验之后，新的情况也会接连出现（例如，超过前面行驶的车辆或避免碰撞等）。然而，随着时间的推移，大量的学习发生了，场景多次出现，并被记住，从而可以更快地响应。油门、离合器和刹车踏板的位置可以快速定位，不会混淆。最终，注意力可以安全地分配到驾驶和其他任务上。同样，通过充分、设计合理的培训，完成任务的效率也会大大提高。通过培训，老年人的任务表现也会更好。例如，在注意力分散任务中，一开始与年龄有关的差异，在训练后可以减弱（尽管仍然存在）[6]。

在交互设计中，我们也可以针对多任务场景对老年人展开训练，让他们逐渐适应这种场景，合理分配注意力。比如，在手机支付场景中，不仅要核对支付的金额，还要和营业员对话，同时还要输入正确的密码或者手势。尽管我们可以简化支付的步骤，但是总有一些次要任务会干扰到老年人不太熟练的数字支付体验。但是随着一次次地重复使用，他们逐渐学会了合理分配注意力，并且高效完成了任务。

② 进行部分任务训练　为了降低双重任务条件下的注意力需求，可以在被试进行整体任务训练之前，对任务的某些部分进行特殊训练，即部分任务训练。例如，没有计算机使用经验的参与者必须接受鼠标训练，然后才能开始一项以鼠标作为参照对象的研究。因此，参与者能够将大部分注意力集中在实验任务上，而不是将注意力分散在未经训练的新设备和任务上。对于老年人来说，进行部分任务训练非常有必要，老年人对于新技术的接受能力本来就较弱，通过部分任务训练，可以减少他们的学习压力，增强信心、提升信念。

③ 合理设计冗余信息　当信息可以在某些双重任务条件下冗余呈现时，老年人就能受益。冗余信息在杂乱的环境中也很重要。因此，提供冗余信息可能是提供环境支持的一种方式，可以补偿衰老导致的注意力下降。这种冗余信息可以是声音提示，也可以是文字提醒等，设计师可以根据设计场景，结合老年人自身的需求，合理设计冗余信息。

④ 在杂乱的视觉环境中添加提示　杂乱的视觉环境也能分散人的注意力，如驾驶环境中，就有很多分散注意力的因素，对老年人来说就更甚了。老年人比年轻人花更多的时间在杂乱的环境中搜索，花更多的时间对刺激物作出决定，这或许会造成驾驶安全问题。然而，如果向用户提供一些支持其注意力集中的线索，这种情况就可以得到改善。比如当驾驶员需要决定是否要左转时，出现了杂乱的环境信息（如灯柱、树和房子等杂乱刺激），如果路口有左转的提示标识，就能帮助老年人快速做出左转的决定。同样在交互设计中，当老年人面对复杂界面的

视觉搜索任务时，如果我们能适时地增加主要任务的提示，就能帮助老年人快速找到自己想要的信息。

2.3.2 记忆

记忆可以分为三个阶段。如果要记住信息，首先必须对其进行编码，在大脑中以某种方式存储或显示，然后从存储中检索出来。在这一基本框架下，研究者们关注了各种类型的记忆，如对发生在特定时间和地点的信息的记忆、对事实的记忆、对过程的记忆、对将要做的某事的记忆，以及对信息来源的记忆。

研究已经证明，衰老能引起记忆力下降（如工作记忆和情景记忆）。在某些情况下，这些由于衰老导致的记忆力衰退可以通过在任务环境中放置信息来改善，人们不需要在记忆中一直保持这些信息（表2-2[6]）。人一生中有些记忆的变化幅度很小，如语义记忆（对事实的记忆）和程序记忆（对如何执行活动或动作序列的记忆）。

表2-2　关于记忆和衰老的五个结论 [6]

结论	例子
老年人虽然能保持语义记忆，但他们保持情景记忆的能力下降了	老年人想给朋友发电子邮件，但只记得朋友的名字，不能记住电子邮件地址
当老年人试图回忆时，如果出现非典型的、分散注意力的元素时，情景记忆的维持会受到阻碍	如果交通异常繁忙，老年人更容易在回家的路上忘记买牛奶
老年人自动形成的习惯和过程相对较少	虽然学习一个新的软件包可能很困难，但老年人仍然保留着之前学过的打字能力（老年人年轻时用过打字机）
老年人的工作记忆能力下降	老年人需要比年轻人多播放一组听觉指令
当老年人用自我启动过程进行回忆时，记忆就会变得更加困难，而环境支持可以减少这些困难	老年人很难回忆起肇事逃逸车辆的颜色、品牌和型号，但如果给他们一个嫌疑肇事逃逸车辆列表，他们可能能够识别正确的车辆

（1）工作记忆

工作记忆与注意力处理能力限制的概念相似，也是有限的，它通常通过记忆广度任务来测量，它衡量的是工作记忆中可以保持激活的元素的数量。随着年龄的增长，老年人工作记忆容量也随之减少。

■ 设计启示

衰老导致的工作记忆容量减少必须引起设计师的高度关注，不应该要求老年人用户在记忆内存中保存多项内容。购物网站应该提供比较功能，让客户能够比较相似的产品，而不是把价格和功能等变量保存在记忆内存中。一般来说，我们应该尽量减少老龄用户的工作记忆负荷，把信息展现给用户（即将信息放在环境中），而不是要求用户依赖他们的工作记忆。

（2）情景记忆

人们回忆各种事件的能力存在显著的年龄差异，这些能力被称为情景记忆能力。我们用两种方法来减少这种与年龄相关的记忆差异：记忆策略和支持性信息。

① 记忆策略　老年人如果在脑海中详细描述要记住的刺激，他们事后就能更准确地进行回忆。例如，当要求老年人记住单词且有回忆任务时，他们往往就不是简单地背单词表了。这是因为，老年人在记忆中采用了记忆编码策略，这样可以弥补他们记忆方面的相对缺陷。

比如，在关于老年人联想学习能力的研究中就发现，一些老年人在执行任务时不断选择使用一种低效的策略，而几乎所有的年轻人都使用最优策略。综合来说，老年人总体上不太可能采用最优策略。然而，对于那些采取了适当策略的老年人来说，与年龄相关的学习差异确实有所减少。

② 认知支持　记忆研究者进行了大量研究，测试记忆线索和衰老的关系。老年人的记忆可以通过记忆线索来改善。例如，刺激物的突出显示会使老年人的回忆增加。同样，在视觉独特的环境中研究刺激物时，记忆检索也会增加[6]。

■ 设计启示

基于老年人情景记忆的障碍，我们提出以下设计建议：

① 策略建议　老年人的情景回忆可以通过使用不同的策略得到改善。一种更常用的方式是编码细化。例如，为了更好地记住一对单词，可以构建一个独特的、形象的句子或概念，将这两个单词联系起来。另外，还可以采用其他启发式方法，例如从一系列要记住的单词中创建缩略词。然而，许多人在生活中不会自发地使用这种记忆策略。因此，当需要记忆时，我们应该给老年人提供策略建议，同时增加这种训练。虽然老年人不像年轻人那样自发地采用最佳策略，但如果受到鼓励，他们是能够利用这些最佳策略的。

② 物理提醒　老年人通常会对自己的记忆能力比较担心，总是怀着焦虑的心情处理日常需要记忆的事情。物理提醒就是一个非常好的辅助方式，它在老年人的日常生活中起着重要的作用。比如，老年人（特别是70岁以上的老年人）在使用药物时可以增加各种物理提醒[7]，这样可以很好地解决老年人经常忘记按时吃药的问题。同样，物理提醒还可以设置在老年人生活的方方面面。关于物理提醒的一些建议包括：

a. 物理提醒应该放在视觉上显著的地方，方便人们看到它们。例如，人们可以在晚上把第二天要用的药物放在餐桌上；

　　b. 老年人记住事件来源的能力显著下降，物理提醒应该提供相关信息，而不是简单地提醒有一些需要记住的东西；

　　c. 自动的视觉和听觉提醒，如在日历软件中加入物理提醒，可以最大限度地减少老年人主动搜索提醒的需求。

　　③ 环境支持框架　只要老年人的记忆检索是在语境中发生的，语境就会帮助老年人记忆，为人们提供额外的检索线索。因此，如果语境缺失，回忆可能会受到损害。环境支持框架基于这样一个概念，即老年人似乎在内部驱动过程中有更多困难，例如自发回忆一件事[8]。由于这些困难，老年人更多地依赖语境或环境信息来帮助他们产生记忆。因此，在任务环境中提供有用的信息有助于提高老年人的记忆能力。然而，环境中除了支持信息外，还有分散注意力的刺激信息，老年人可能很难忽视这些不相关的刺激。

　　在一项任务中，如果记忆需求被环境中容易获取的信息所抵消，那么注意力和记忆过程就可以分配到其他地方，分配到任务中有更高记忆要求的地方。例如，在手机应用软件中，既要提供有图标的功能按钮，也要提供文本标签，这样就能满足新手用户记忆按钮功能的需求，因为文本标签中的文字对新手用户来说是比较熟悉的内容，不用花很多时间去记忆。如图2-2所示，加入文本标签后可以让老年人更加直观地知道按钮的功能。

图2-2　加入文本标签的效果

环境支持有多种形式,具体如下:

a. 提供需要回忆的刺激物的某些特征来帮助或提示老年人进行回忆。

b. 提供相关材料的大纲或地图。对于移动数字界面的浏览任务,如果用户需要,应该提供导航辅助。同时可以提供用户去过的地方的可视化历史,减少对网站结构的依赖。

c. 物理辅助是环境支持的一种形式,它们可以提醒用户之前的编码实例。特定的辅助工具,可以帮助老年人减缓记忆衰退导致的生活质量下降——例如,有些购物软件可以存储购物清单并推荐过去经常购买的商品。

d. 适当地构造有利于老年人回忆的文本。

e. 在目标刺激物的搜索中,对一致性产生干扰的阵列也可以引导注意力[9]。

（3）前瞻性记忆

前瞻性记忆指人们在认知中需要记住将来要做的事情,它在计划和完成日常活动（例如,学习、约会、做家务等）中至关重要。前瞻记忆对安全也很重要,比如记得服药或关闭烤箱。前瞻记忆分为两类:基于时间的前瞻记忆和基于事件的前瞻记忆,这两类记忆的不同之处在于记忆者对自我启动的线索的依赖程度不同。在基于事件的前瞻性记忆中,人们会被一些外部事件或刺激（例如,计时器提醒记得服药）提示要记住的信息;而在基于时间的前瞻性记忆中,人们必须记住在一段时间后要做的事情（例如,记得在下午两点吃药）。老年人的前瞻性记忆会随着年龄的增加而逐渐衰退,对他们的日常生活会产生较大的影响。

老年人的前瞻性记忆衰退,特别是在高强度任务需求下,与年龄相关的差异会加大。比如老年人在额外的、分散注意力的活动中,当注意力要求较高时,老年人更难以记住动作和指令[10],这就是老年人前瞻性记忆衰退导致的。

■ 设计启示

设计辅助记忆和提醒记忆对降低老年人在前瞻记忆方面的障碍具有重要意义。通过物理提醒来实现认知修复是非常关键的方法,它可以减少前瞻性记忆带来的功能影响。对老年人来说,他们非常需要前瞻记忆（例如在一天中的不同时间点记住服药）,一般来说基于时间的前瞻记忆任务应该转变为基于事件的记忆任务,这样更方便他们来记忆。警报可以内置在手机、平板电脑或其他小型、不显眼的设备中,为用户提供记忆辅助。从本质上说,这些功能是给老年人提供环境的支持,减轻了老年人自我启动记忆的压力。

（4）记忆源错误

在人的记忆中,回忆最初产生的情境并不一定可靠。例如,人们可能会想起网页浏览中有商品折扣信息，但不能准确回忆起它发生哪个页面或者公众号中（即外部源搜索）。在记忆源搜索方面，老年人的表现往往比年轻人更差，特别是老年人利用多个线索回忆记忆来源的能力较差。当在记忆源搜索中发生了额外的认知加工时，老年人很难建立特殊来源信息和其他来源信息之间的联系。

■ 设计启示

老年人的记忆源可以从知觉消歧中获益。比如，在交互界面设计中，重要的功能区中采用不同的颜色，可以使功能按钮或者图标更有特色。对于页面的记忆也包括页面的颜色，当用户浏览页面时，这种颜色的记忆可能会有提示作用。或者在首页面浏览时，用户不需要主动搜索图标，他们可以很容易地识别一个特别突出的图标特征。由于老年人的记忆源受损，我们应该给他们提供记忆辅助。例如，老年人可能不记得是医生还是朋友给他们的医疗建议。如果医生给出的所有医疗建议能通过文本文件或打印稿提供给他们，那么即使忘记了，也可以经常翻看。这些增加的信息将作为信息源的冗余提示，从而减少老年人对于源记忆的认知负荷。

（5）语义记忆

尽管到目前为止，人们普遍对衰老和记忆持消极看法，但仍有一些记忆和知识在人一生中保持相对深刻的印记，比如语义记忆（对事实或常识的记忆，有时被称为结晶知识[11]，是一种比较稳定的记忆）。设计师应该利用老年人印象较深刻的语义记忆来展开设计。

■ 设计启示

语义记忆是老年人记忆未来事件的主要方式，如用来记忆用药信息和健康预约。例如，图式（或某些领域的结晶知识结构）可以用来构建记忆辅助工具，帮助老年人完成记忆任务。年轻人和老年人在用药提醒的措辞和排版上都有一个共同的模式——他们更喜欢简短的信息，按照顺序，这个模式包括服药时间、所需剂量、适应证、禁忌证和副作用等。当这种模式化的知识被整合到一个自动化的应用程序中，以一种遵循他们表达模式的方式来呈现药物信息时，老年人完成任务的效率也会更高，这样他们就能更准确地回忆起相关信息。

老年人对现有操作系统和设备的知识是很好的先前经验，它可以作为一种工具来为适老化设计服务，这样老年人就可以轻松使用和理解操作系统。我们可以收集产品的使用知识，促进老年人理解如何执行任务。这也是适老化设计过程中的一个关键阶段，对于老年人来说，他们在知识和经验上和年轻人有很大的差异，所以就需要设计师真正地去了解老年人的需求。此外，老年人的结晶知识可以扩展到新的领域，比如新的应用和技术的相关知识。

2.3.3 语言理解

语言理解严重依赖于语义记忆（即一个人的固定知识库）和工作记忆容量，语言理解是人们生活中非常关键的能力。随着年龄的增长，人们必须能够阅读新药物的标签、医疗设备的说明书，以及这些产品的警告说明。通常，老年人比较容易理解口语和书面语言。例如，他们能够像年轻人一样理解比喻性语言，他们也能够创造一些表达合适的文本。然而，以下几个因素可能会影响老年人对口语和书面语言的理解，这些因素都与工作记忆有关。

（1）句子结构

我们可以降低老年读者对于信息处理的要求，这样可以提高他们的理解能力。例如，如果在一个句子中有许多长句，我们可以使用短句，这样老年人的工作记忆负荷就会减轻。同时尽量避免倒装句，这类句子会让老年人理解困难。

■ 设计启示

在设计交互页面中的设计说明、警告和其他文本材料时，应考虑到老年人工作记忆的局限性。比如，主语和谓语之间的距离越近，就越能提高老年人的理解能力。尽量用短句而不是长句来表达，这样可以减少老年人对工作记忆的需求。

（2）句子结构推理和比喻语言

与年轻人相比，老年人在语言推理中也处于劣势。在阅读时，人们通常需要基于文本来进行推理，这种推理通常是高于文本字面意思的。例如，如果智能手机的页面显示"密码和用户名输入错误"，那么一个重要的推理就是"密码输入错误、用户名输入错误或者密码和用户名都输入错误"，没有数字产品使用经验的老年人显然不具备这种语言推理能力。但是，老年人却能够很好地理解比喻性语言（如隐喻）。比喻性语言能利用老年人丰富的知识积累来帮助他们理解文本。比如，图标就是典型隐喻设计，在交互界面中符合老年人认知经验的图标就能帮助老年人进行推理。

■ 设计启示

在适老化设计中，需要尽量减少超越文本的推理，文本应该简洁易懂。特别是一些预警材料的文字表述，更加要注重文本的易读性。老年人对于比喻性语言的理解能力较好，而且具有较丰富的语义知识积累。因此在适老化设计中，很多信息可以通过简短的比喻性文本来表达，从而促进老年人的理解。这在空间有限的文本设计中非常受用，例如，在空间受限的交互界面设计中，就可以采用带有隐喻的图标和按钮，这样能方便老年人理解和记忆。对于有限的手机界面来说，言简意赅的界面表达才能形成轻松有趣的交互体验。比如将烦琐的文字表述，通过图形隐喻的方式来表示。具有隐喻特征的图形会让一些烦琐并难以理解的操作行为变得轻松且生活化。所以在设计中，设计师需要有效地构建图形隐喻来表达事物的含义与特征。常用的图形隐喻非常多，例如界面中手机可以代表"充值"，照片可以代表"相册"，购物袋可以代表"购物"，货车可以代表"发货"，房子可以代表"首页"，话筒可以代表"录音"，如图2-3所示。这些对于老年人来说都是比较熟悉的隐喻方式。

充值　　　相册　　　购物　　　发货　　　首页　　　录音

图2-3　交互界面设计中图标的隐喻表达

2.3.4　执行控制

"执行控制"包含许多认知能力，这些能力包括维护和更新认知、制定行动计划和顺序、解决复杂问题和抑制自动反应。随着年龄的增长，这些能力往往会大幅下降，负责这些功能的大脑区域出现明显的功能衰退现象。执行控制能力下降会对老年人独立执行任务的能力产生较大的影响。因此，这些变化也将影响老年人与产品和交互系统的互动方式。

■ 设计启示

随着老年人的执行控制能力下降，他们可能会在多任务环境和多个子任务协调的复杂任务中表现不佳。尽管任务协调和多任务处理能力随着衰老而下降，但是通过训练可以减轻这种年龄效应。比如可以通过"可变优先级训练"，让学习者在不同的时间分别练习整个任务，同时强调不同任务的分段表现，这样能提高老年人完成复杂任务的效率。通常情况下，设计师还可以通过突出感官线索来给老年人提供环境支持，提醒老年人在何时需要注意目标任务，以尽量减少对执行控制的依赖。特别在双任务或多任务环境下，应保持任务与响应之间的映射一致，尽量减少从一个任务切换到另一个任务时的认知负荷。

2.4 老年人的运动能力特点和设计启示

2.4.1 运动速度

运动速度是指一个人在启动和动作有关的认知程序后，能够以何种速度进行运动[12]。一般来说，老年人的运动速度比年轻人慢。

■ 设计启示

运动速度的降低影响了老年人日常生活中的各种活动。比如，红绿灯的计时应该为老年人提供足够的步行时间；鼠标按键的双击速度，应符合老年人的要求。其他例子包括旋转门的速度、ATM机和在手机上输入文本所需的时间。任何需要相对快速运动的任务对许多老年用户来说都可能是困难的。

2.4.2 运动控制

实际上，老年人在抓取、到达和持续运动的任务中会变慢。与年轻人相比，他们的动作包含更多的子动作和更短的初始子动作，这导致老年人的运动更缓慢、更多变。此外，随着运动任务变得更加困难，老年人的运动速度比年轻人慢得多。比如，电脑鼠标的操作流畅度就与年龄有关。在四种常见的鼠标任务——指向、点击、双击和拖动中，老年人的动作速度都较慢，而且会产生更多的子运动，犯错的概率更高，特别是在双击任务中（比如，在双击之前移出图标范围）更容易犯错。此外，老年人协调多个身体部位的多个动作的能力较差，例如双手任务（如拧开盖子）。

运动控制和速度的可变性导致老年人在使用输入设备时具有更大的可变性。随着感知反馈的增加，我们可以训练老年人来延长他们的初始动作，从而减少子动作的数量。例如，软件可以配合鼠标操作，当光标接近图标或目标时，软件可以提供触觉反馈。在一些用户自定义的灵敏度范围内，具有显著性特征的图标可以用来吸引光标。同时，为老年用户增加图标大小的选项，可以有效增强物理刺激。

老年人在接近目标时难以减速，而且一旦达到目标就难以保持在目标上，即老年人在锁定目标时伴随着更多的子动作。但是在计算机操作任务中，无论是使用鼠标、触摸屏、光笔还是其他输入设备，都需要经常做手部离散运动，这对老年人来说是比较困难的。

■ 设计启示

在软件设计中，因为老年人在导航时很难找到小目标，所以图标大小必须合理（针对这个问题，我们在后面的章节中也会有实验论证）。此外，老年人在导航时比年轻人更容易被其他的刺激物所影响，从而减慢速度。因此，在设计中除了使图标和目标刺激物更容易被选择外（比如增加图标的显著性特征），适当大小的图标也可以帮助老年人排除不相关的刺激，感知目标刺激物。

老年人在耦合运动和多任务协调运动上存在困难，这可能会导致双手配合出现问题，如很难完成打开一个旋转的药瓶或伸手抓握的协调动作。因此，对于需要多任务协调运动的产品应该进行重新设计。例如，为老年人设计的药瓶应该采用顶部标签，避免多个任务协调运动。

2.4.3 平衡能力

失去平衡而摔倒对老年人来说是一个非常严重的问题。随着年龄的增长，老年人的平衡能力也会衰退，姿势摇摆，从而失去平衡跌倒。导致老年人姿势摇摆的因素包括视力较差（这降低了老年人察觉可能引起摇摆的运动线索的能力）、下肢对振动的敏感度降低、认知需求降低。老年人似乎更多地依赖动态视觉线索来帮助他们保持平衡。当视觉线索表明他们在移动时（尽管他们实际上是静止的），老年人就可能出现摇摆的姿势。在移动的视觉环境中，老年人也会有更大的姿势摇摆。

■ 设计启示

由于老年人更容易在有台阶的人行道上失去平衡，因此在他们走上人行道之前，应该提供长时间的警示。环境中的无关运动也会增加老年人对运动线索的感知，过多不必要的感知会导致他们认知负荷的增加，从而让老年人更容易失去平衡。例如墙上的动画广告和移动的地铁车厢，这种环境运动会扰乱老年人对运动线索的感知。我们可以提供环境支持来减少这个问题。例如，在设计移动的地铁车厢站台广告时，可以在火车车厢上方设置一排灯，从而产生一种固定的刺激，以对抗列车运动的感知线索。运动线索在其他情况下也可能是有益的，在靠近楼梯和行人坡道的墙上，可以设计箭头来指示人行道上坡度变化的方向。但是在任何情况下，平衡对于老年人来说都是一个问题，所以多增加扶手是非常必要的。

2.4.4 力量

肌肉力量包括握力和耐力，在成年后的大部分时间里保持不变，但是在60岁左右开始下降，皮肤粗糙度也会随着年龄的增长而增加。这些变化，连同关节炎等疾病的发作，可能会降低老年人的总体力量和对精细运动的控制能力。由于肌肉质量的减少，力量会下降，适当的运动和训练可以减缓肌肉力量的衰退。

■ 设计启示

和速度的变化一样，力量的变化较大程度地限制了老年人的运动能力。对于有老年用户的操作系统和产品，设计师必须降低推、拉、举、扭和压等动作的任务强度。比如，在药瓶的设计中，必须考虑打开它们所需的最小力量，而其他类似的产品也要考虑到老年人肌肉力量的减弱。如果产品使用中对力量的要求不能降低，则应提供辅助设备。

2.4.5 力量控制

在日常生活中，人们能正确地控制力量非常重要。因为它可以保证我们的人身安全（例如，在失去平衡时抓住扶手），也可以让我们简单地操作日常设备（例如，旋转掌上电脑上的按钮）。这里，我们主要关注手和手指的力量控制。老年人的握力是年轻人的2倍，其中既有感知因素（老年人，特别是60岁以上的老年人，不能准确地感知被抓住的物体的摩擦力），也有策略因素（老年人可能意识到自己倾向于抓错物体或错误感知摩擦特征，会有意地过度抓握）。

■ 设计启示

老年人控制力量的能力随着年龄的增长而显著下降，这对产品的结构可靠性和控制设计具有重要意义。例如，有些电脑鼠标有滚轮，点击时可以充当按钮。如果这个按钮太敏感，在激活按钮功能的情况下，老年人滚动操作这个按钮的难度就会加大。在设计手柄时，应该设计一些额外的纹理，以抵消老年人感知能力的丧失。这可以帮助老年人减少过度抓握的行为，同时减少由此行为产生的疲劳。

2.5 老年人对数字技术的信念、动机及设计启示

为什么老年人使用数字技术的比例比年轻人低？很大一部分原因是老年人在使用科技产品时感到不舒服和焦虑。通过调查发现，老年人对使用智能手机、电脑和其他电子设备的信心较低，他们认为自己无法自学新技术。很多老年人对这些技术缺乏兴趣，他们认为使用互联网太困难，令人沮丧。一些老年人也表示，他们觉得自己年纪太大了，无法学习使用互联网。

虽然老年人可能不愿意接受新形式的技术，但这并不意味着他们不喜欢或恐惧新技术。我们发现，当问及科技问题时，老年人反映出的积极态度多于消极态度。积极的态度包括相信技术会使他们的生活更轻松，相信技术有助于提升他们的生活质量。根据美国皮尤研究中心的数据，大多数老年人（58%）认为技术对社会的影响主要是积极的，而很少有老年人（4%）认为技术的影响主要是消极的[13]。与科技恐惧症不同，老年人像大多数人一样对科技有着复杂的感受。如果可以获得培训和支持，老年人对学习和使用新技术（从应用程序、计算机系统到人工智能）也会持有开放和积极的态度。

同时，年龄歧视和偏见在社会范围内广泛存在，大众普遍认为老年人不愿意参与科技互动。焦点小组研究表明，当告知老年人产品的优点时，他们也会产生使用产品的动力。事实上，老年人对电子产品的使用率较低可能是对产品的优点认识不足、收入较少和某些产品使用困难所致[6]。

使用新技术的经验可能会增加老年人使用这些技术的意愿。例如，在使用自动取款机（ATM）模拟器完成一项实验后，表示有兴趣与ATM交互的老年人数量从28%增加到60%[14]。模拟实验提供了与该系统的充分接触的条件和相关知识，激励了老年人参与者使用该技术。同样的现象也发生在电脑的使用中，计算机知识的储备量和焦虑感似乎直接影响了老年人对计算机的兴趣。

■ 设计启示

老年人的数字技术素养与数字产品使用的焦虑程度高度相关，因此对老年人进行数字产品技能培训尤为重要。让老年人了解数字技术，可以减少对数字产品使用的焦虑，同时增加老年人使用数字产品的意愿。了解老年人对数字智能产品的态度是很重要的。一旦老年人了解了数字智能产品（包括如何与它成功交互，他们有能力与它成功交互，以及它如何使他们受益），他们使用它的兴趣和动机将会增加，从而促进他们更有效地学习和利用这些技术。

2.6　结语

随着数字中国建设的不断深入，老年人也逐渐成为了数字智能产品的主要用户，因此设计师在进行交互设计的时候必须考虑适老化因素。在本章中，我们描述了一系列与衰老相关的认知和知觉因素，这可以让我们更加了解老年人和年轻人的差异性，结合老年人的认知特点来进行适老化设计。同时我们也综合现有文献提供了相关设计建议。我们的设计建议是从人因工程的角度出发的，对于产品和系统设计有积极的作用。综合来说，我们可以给适老化设计提供以下建议。

① 提供环境支持 对老年人来说这是非常重要和可行的适老化设计。这种辅助性信息可以将老年人的注意力引导到相关刺激物上；为老年人提供记忆辅助；支持老年人执行阅读、视觉搜索等任务。

② 增强刺激 老年人的感知衰退非常明显，设计师通过增加刺激的大小或强度，加强环境照明，或减少背景的杂波，可以大大提高老年人感知刺激的效果。这些设计调整既简单又实用，而且设计方案也非常容易实现，但是设计师还是要充分了解老年用户的认知局限性，进行细致全面的设计调查。

③ 提供适当的培训和训练 我们还可以给老年人提供适当的训练，让他们逐渐熟练掌握相关技能。尽管与年轻人相比，老年人的学习能力有所下降，但是老年人不会在所有方面都受到限制。在某些方面，设计师应该尝试利用老年人超越年轻人能力的领域，特别是在语义知识方面。同时也要积极宣传和引导，增强老年人的使用愿意，将数字产品的好处传达给潜在的老年用户，以增加他们学习使用这些新技术的动机。

④ 依托模拟参数工具进行适老化数据捕捉 设计师还应该深入了解适老化设计的模拟参数工具，这些工具可以模拟和预测老年人的表现，并且在进行任务分析后，帮助设计师进行设计决策。这个工具最初是根据年轻人的处理速度和能力建模的，现在的模型参数可以用来模拟和预测老年人与数字产品的交互。这些更新的参数能帮助设计师更深入地考虑老年人记忆力、速度和运动控制能力的衰退等因素，进行全面细致的适老化设计。

通过文献研究，我们发现与老年人衰老相关的能力特点对适老化设计至关重要。这为我们在新产品的设计中提供了很多适老化的约束。基于数字产品的使用，本章对老年人相关的能力特点进行了全面总结，使设计师能够深入了解老年人的能力和困境，了解如何设计系统和产品，以便老年人安全有效地使用它们。

参考文献

[1] LI Q C, LUXIMON Y. Understanding Older Adults' Post-adoption Usage Behavior and Perceptions of Mobile Technology [J]. International Journal of Design, 2018, 12(3): 93-110.

[2] NIA. The Research of Information Divide of Older Persons [EB/OL]. [2013-03-22]. https://www.

aseanrokfund.com/our-partners/national-information-society-agency-nia.

[3] DESAI M, PRATT L A, LENTZNER H R, et al. Trends in vision and hearing among older Americans [EB/OL]. [2001-03-01] 2001. https://www.cdc.gov/nchs/data/ahcd/agingtrends/02vision.pdf.

[4] KLINE T J B, GHALI L M, KLINE D W, et al. VISIBILITY DISTANCE OF HIGHWAY SIGNS AMONG YOUNG, MIDDLE-AGED, AND OLDER OBSERVERS - ICONS ARE BETTER THAN TEXT [J]. Hum Factors, 1990, 32(5): 609-619.

[5] CRAIK F I M, SALTHOUSE T A. The handbook of aging and cognition [M]. New York: Psychology press, 2011.

[6] FISK A D, ROGERS W A, CHARNESS N, et al. Designing for Older Adults: Principles and Creative Human Factors Approaches [M]. Calabasas：CRC Press, 2004.

[7] PARK D C, MORRELL R W, FRIESKE D, et al. Medication adherence behaviors in older adults: effects of external cognitive supports [J]. Psychology and aging, 1992, 7(2): 252.

[8] MORROW D G, ROGERS W A. Environmental support: An integrative framework [J]. Hum Factors, 2008, 50(4): 589-613.

[9] JIANG Y, CHUN M M. Selective attention modulates implicit learning [J]. The Quarterly Journal of Experimental Psychology: Section A, 2001, 54(4): 1105-1124.

[10] EINSTEIN G O, SMITH R E, MCDANIEL M A, et al. Aging and prospective memory: the influence of increased task demands at encoding and retrieval [J]. Psychology and aging, 1997, 12(3): 479.

[11] CATTELL R B. Theory of fluid and crystallized intelligence: A critical experiment [J]. Journal of educational psychology, 1963, 54(1): 1.

[12] SWANK, MARIE A .Physical Dimensions of Aging[J].Medicine & Science in Sports & Exercise, 1996, 28(3).

[13] CENTER P R. Digital divide persists even as Americans with lower incomes make gains in tech adoption [EB/OL]. [2021-06-22]. https://www.pewresearch.org/short-reads/2021/06/22/digital-divide-persists-even-as-americans-with-lower-incomes-make-gains-in-tech-adoption/.

[14] ROGERS W A, FISK A D, MEAD S E, et al. Training older adults to use automatic teller machines [J]. Human Factors and Ergonomics Society, 1996, 38(3): 425-433.

第3章
移动数字产品
适老化交互设计的基本方法

设计最基本的原则是"了解你的用户"。但如何了解用户？简而言之，设计师需要了解目标用户的需求、偏好、能力、动机和限制，同时将这些内容纳入设计过程中。设计有既定的设计原则、方法和工具，如果遵循这些原则，就会得到有用的、可用的设计。本章的目标是提供一个概述，指导设计师选择最有用的方法，让设计过程变得清晰，让设计结果更加符合需求。本章首先描述了一些通用的设计理念，包括整个设计过程中使用的方法和工具。同时引入老年人作为设计对象，这样设计师就可以根据他们的特殊需求进行设计选择。

3.1　老年人移动数字产品的设计哲学

设计哲学是设计的思想基础，它包含了设计师的设计假设、设计目标和设计创意。纵观设计史，设计哲学就像一盏盏明灯，指引着设计师思考和创造。美国著名的建筑师路易斯·沙利文提出了"形式追随功能"的设计理念。而设计师弗兰克·劳埃德·赖特则认为"形式和功能是一体的"。设计师的设计哲学支撑着他的设计方法。本研究聚焦数字适老化设计，秉持着"为老年人服务，为老年人提供乐龄设计"的宗旨，并且始终坚持"以老年用户为中心"的设计哲学。

3.1.1 以用户为中心的设计

"以人为本的设计"（HCD，即 Human-centered Design）关注的是"人们的思维、情感和行为。这是一种创造性的解决问题的方法，从一开始就涉及终端用户，并将他们置于数字设计过程的中心"。HCD 是一种设计哲学，它赋予个人或团队设计产品、服务、系统和体验的权力，以解决用户的核心需求。HCD 是一种创造项目的方法，其中人的需求起着关键作用。这意味着设计师在开始设计之前就要研究消费者的欲望和需求。

以用户为中心的设计概念不是一个新的想法，而是代表了一种广泛的哲学，它是任何以人为本的方法的核心。设计是一个过程，它包括设计共鸣（进行设计研究以了解用户）、设计定义（结合所有的研究，观察用户存在的问题）、形成概念（产生一系列有创意的想法）、原型设计（为一系列想法建立真实的、可触摸的表现形式）、测试（看看用户的反馈）、执行（把愿景付诸实践）这六个部分。在这个过程中，用户一直处于主导地位，设计师要时刻关注用户的需求和反馈，这才是真正的以用户为中心的设计。

所以以用户为中心的适老化设计必须是贯穿整个设计流程的，不是纸上谈兵，也不是制定一些流于表面的规则，是要切实把老年人的需求融合进设计的每个步骤、每个细节。

3.1.2 包容性设计

当以用户为中心的设计思想向上延伸，既能满足普通用户的需求，也能满足特殊群体的需求时，就是包容性设计，也称为无障碍或者通用设计。这要求产品或环境设计灵活多变，既可以被没有限制的人使用，也可以被由于缺陷（例如，盲人、聋哑人等）而受到功能限制的人使用，也可以是被环境所限制（例如，由于环境条件，手暂时被占用，不能听或看）或者分心时使用。根据定义，好的包容性设计对我们每个人都是有益的。适老化设计也是包容性设计的一个分支，它主要关注的是老年人这个群体。近年来随着人口老龄化的加剧，适老化设计也受到了广泛的关注。

3.1.3 适老化设计

适老化设计原先是指在住宅中，或在商场、医院、学校等公共建筑中充分考虑到老年人的身体机能及行动特点做出相应的设计，包括实现无障碍设计，引入急救系统等，以满足已经进入老年生活或以后将进入老年生活的人群的生活及出行需求。

2021年以来，数字适老化改造在我国全面推进，相关部门充分考虑到老年人的数字困境，相继出台互联网适老化及无障碍改造方案，推动老年群体融入互联网，推进民生服务便利共享。2021年4月7日，工信部发布了《互联网网站适老化通用设计规范》和《移动互联网应用（APP）适老化通用设计规范》，明确适老版界面、单独的适老版APP中严禁出现广告弹窗。工信部发布通知，要求网站和APP在2021年9月底之前进行"适老化"及无障碍改造——包括使用更大字体和禁止广告插件。数字技术适老化正如火如荼地在互联网及其相关产业中展开。

3.2 定义老年用户和用户需求

3.2.1 如何定义老年用户

产品在设计之初必须要有相应的目标用户。我们设计的第一步通常考虑谁是我们的目标用户。为了使问题和目标用户具体化，角色化研究就显得很有必要了。当然，所有的角色都是在前期大量的用户调研基础上才能设定的。我们对调研结果进行分析和总结，找出最典型的用户，并将这些用户进一步提炼，形成小范围的用户群，用户角色就逐渐清晰起来了。这里的角色并不是真实的用户，而是对目标用户的虚构，但它同样也是有血有肉、细节丰满的。这种方法可以让用户具体化。通常用户角色包括人物的名字和照片，以及个人的一些定义特征和人物的目标。虽然角色是虚构的，但人物细节是基于用户调查和细致观察的。对于某一款产品，一般有多个用户角色，多个角色代表可能的用户范围（例如，低技术体验的老年人和高技术体验的老年人）。角色的细节应该随着用户需求的调查而充实起来（例如，通过一些定性和定量调查的方法来深入了解用户，如竞争分析、主题专家访谈等）。在创造角色的时候不要依赖过时的刻板印象（例如，老年人反对新技术），从而形成错误的目标用户。

用户角色的构建完成之后，我们可以在此基础上规划用户旅程地图。它能提供用户较真实的操作流程和使用体验，根据用户旅程地图，我们也会找到用户在使用过程中相应的情绪高潮和情绪低谷，这样就能方便我们找到产品的痛点。老年人数字产品的设计中，用户角色建模和用户旅程地图能帮助我们全面了解老年用户的需求、定义用户痛点。

3.2.2　智能手机发展历史和老年用户需求

回顾过去的十几年，智能数字产品快速发展，不断迭代，并且逐渐在老龄用户市场也占有一席之地。智能电视、智能驾驶、智能门禁、智能洗衣机、家庭智能影音设备等产品也逐渐成为老年人日常生活中的常客。发展数字经济，让老年人的生活更加具有高科技色彩，是未来中国解决老龄化危机的一把利剑。老龄生活不再是空中楼阁，未来美好可期。

回顾过去十几年智能手机在中老年群体中的普及过程，有助于把握未来中老年智能消费的重大机遇。

（1）智能手机开局之年——2010年

这一年，苹果公司iPhone 4的上市，获得了极大的成功，全世界销量到达了3998万台，同时这也标志着智能手机在交互设计、用户体验和应用开发上的成熟。同一年，雷军满怀壮志雄心，创立了小米。中国智能手机制造业走上了快车道，一大批创业者看准了智能手机市场的商机，纷纷投入该市场。

伴随着智能手机的不断迭代升级，手机的性价比优势开始显现，手机价格开始大幅下降，功能却越来越完备。一些文化水平较高的老年群体率先开始使用智能手机。

Age Club旗下的咨询公司New Aging Pro，在2022年对居住在一、二线城市的50岁以上用户展开调研，发现2/3以上的被访者有7年以上的智能手机和数字产品使用经验，39%的受访者甚至有9年以上的智能手机使用经验，这正好与2010年的时间节点相吻合。

这期间，面对老年人用户这个潜在的巨大市场，各大手机厂商也开始了各种尝试，各种打着"为老年人设计"名号的老年人手机层出不穷。其中既有传统的物理按键功能手机，也有价格较为亲民的定制化智能机，比如小米的多亲、中兴的守护宝等。

但由于过于降低手机的功能，使得用户体验感降低，并且没有真正解决老年人使用手机的障碍，成功的案例较少，老年人手机没有在市场中形成较大的规模效应。有部分产品甚至人为地将老年人隔离在智能产品之外，一时间"老年人只能使用低端手机"的导向，对老龄用户造成了极大的数字歧视。

（2）逐步增长——2015年

这一年，是微信用户的爆发之年，深耕年轻用户群体的微信也逐渐开始拓展老年人市场，并且产生了"病毒式"口碑营销，越来越多的老年人被捆绑进了各自的"朋友圈"中。一些产品功能，比如语音输入、语音聊天、短视频播放，其简易的操作和丰富的内容，刚好满足了老年人的精神需求，微信开始在中老年群体中成为潮流产品。不管是一、二线城市的老年人，还是三、四线城市的老年人，直至农村的中老年群体都开始用微信聊天、视频、发朋友圈。

针对微信端的老年人用户体验创业项目遍地开花，老年人在线学习、老年人在线文娱、老年人在线购物都深入激发了老年人市场，完备的智能手机使用教程，配以周到的智能手机教学服务，极大地提高了智能手机在中老年群体中的使用率。

随着老年人群体对于微信使用的逐渐熟练，他们的使用行为也在向纵深发展，从初级菜鸟逐渐变成专家。比如在微信端的使用中，从语音聊天、视频通话到微信群聊天，从公众号阅读到发朋友圈，从发布照片到短视频分享，以及购物等。微信强大的功能和丰富的产品拓展性，使得老年用户乐此不疲，深陷各类线上活动。

这也从侧面证明，老年人对于新鲜事物并不排斥，他们也很愿意学习新的科学知识和技能。但是在接触智能手机的初期，这种全新的操作模式让他们感觉陌生，就产生了距离感。同时缺乏方便的学习渠道，更加让老年人望而却步。

如果全社会共同关心老年人的数字鸿沟问题，把老年人的数字产品使用问题都解决好，老人也能融入数字生活，享受智能产品带来的新奇与便利。

（3）爆发式增长，2020年

2020年开始的数字化改革，迫使老年群体开始使用手机进行对外交流，他们也开始争取更多的线上资源，比如用手机进行社区团购、看直播、点外卖、和家人交流。中老年群体对健康的关注，使得"智能＋健康"的需求前景充分打开，智能手机的发展迎来了整合各种为老服务的新契机。2020年，京东联合中兴推出千元智能手机"京东时光机"，从老年人的需求出发，着眼健康医疗服务，开始逐步挖掘老年人智能消费市场。

■ 智能手机发展历史对老年用户需求的启示

智能手机发展的这十几年，对于中老年群体来说也是和数智技术融合的初始阶段。这一阶段的发展，给了我们很多启示。第一，老年人智能产品的开发和普及必须要考虑老年人的需求，即功能、体验和价格都要符合老年人的认知水平和消费能力，只有性价比高的产品才能在市场上立足。第二，阻碍科技产品融入老年人的不是科技本身，而是缺乏一种有效的融入机制，帮助老年人学习新科技、新产品、新事物，他们其实对科技产品和新生事物有很大的学习热情。

3.2.3　老年人智能消费的需求

过去的十年，智能手机逐步在中老年群体中渗透，基于广泛的用户调研和现有的交互体验形式，我们总结了老年人最主要的四大智能消费需求类型：社交、文娱、健康和安全、舒适。

（1）社交需求

老年人从忙碌的工作阶段进入到退休养老的闲适生活，这种生活的转变会给他们身心带来巨大的变化。北京市西城区统计局、西城区经济社会调查队发布的《2022西城区健康养老白皮书》显示，11.2%的老龄群体认为，"对外界失去好奇心"标志着老年的到来。伴随着老龄化程度的加深，老年人的心理健康中最突出的问题就是"孤独感"。于是，网络社交就有了很大的用武之地。网络社交打开了老年人社交的"潘多拉魔盒"，成为了老年人和外界交流的平台和工具。他们不再觉得自己被遗忘、被冷落，并且能深层次解决他们内心的孤独感，感觉到自己被关注和有价值。这也是微信迅速占领老年人市场的主要原因。

目前老年人线上社交的主要工具仍是微信，微信在社交领域几乎处于强垄断的地位。但是微信在私密性、安全性和适老化方面仍然存在很大的不足。在越来越强调私密社交的背景下，越来越多的老年人选择不公开自己的朋友圈。老年人的线上社交是以家庭社交和朋友社交为主的，因此很多人并不想过多分享较为私密的个人家庭信息。

退休后的老年人，面对社会关系、社交网的衰减，显得有点难以适应。很多老年人抱着退而不休的想法，亟需和外界交流，但是社会并没有给他们提供较多的平台去缓解这个困境，发挥他们的社会属性，更多的老年人被困在家庭中。2020年开始的数字化改革，促进了网络教育的快速发展。网课逐渐成为老年人不断丰富自我、挖掘兴趣、拓展社交网络的新载体。

老年人的生活并不应该被一些生活琐事填满，他们也可以追求更高层次的精神世界的富足。让有能力的老年人通过网络学习更多新知识，是一个国家文明的象征。老年生活的质量不仅仅体现在物质层面，也要体现在精神层面。同时，网络学习也能帮助老年人结交到更多志同道合的朋友。

（2）文娱需求

文娱需求对于老年人尤其重要，生活慢下来的老年人往往有比较旺盛的精神文化需求，但是他们目前除了跳广场舞、唱歌、下棋、打牌等，看电视无疑是他们最主要的文娱活动了，这显然不能满足他们深层次的精神文化需求。智能产品在满足老年人文娱需求上有着先天优势，如何结合老年人的特点，开发出有用户粘性的产品，是所有数字智能产品公司应该关注的问题。

短视频和传统视频网站已经吸引了相当一部分老龄用户，但是这似乎又走入了"看电视"的老路上。老年人完全可以和年轻人一样玩得有品质、有深度，比如深受年轻喜爱的无人机产品，近年来也受到一部分老年人的青睐。艺术学习，也可以给老年人提供更多的精神层面的满足感。在线学习绘画、摄影和钢琴，也不再是年轻人的专利，老年人同样也可以参与其中，享受到数字生活带来的精神富足感。

随着互联网＋的不断深入发展，老年人群体的文娱需求也有了新的变化，具体如下：

① 需求更加多样化　传统的纸质媒体内容已经不能满足老年人的需求。老年人活动场所也越来越广泛，不再局限于街道、公园等。拓展兴趣爱好的渠道变多了，老年大学已经不是唯一的渠道了。易观分析在《2019银发数字用户娱乐行为分析》中，总结了三点银发网民的特征及银发人群的网络行为偏好：家庭负担降低，空闲时间延长；品牌意识加深，平台依赖性强；行为偏好更为集中，在线娱乐需求显著[1]。社交、娱乐、资讯类应用是老年人使用较多的应用。其中老年人对新闻的钟爱远超其他各年龄段。

② 需求更加个性化　广场舞、大合唱等简单、低门槛的文娱活动，已经难以满足较年轻的老人群体的需求，他们有更高文化水平、更加个性化的需求。有更高技能要求的兴趣课程越来越受到这部分老年人的欢迎，很多商业化教育机构甚至推出了老年人课程。同时随着在线教育的渗透，一些适合开展线上教学的艺术课程，也深受老年人喜欢，比如摄影、绘画、书法、钢琴、朗诵等。

③ 紧跟社会潮流　近年来，抖音、快手等短视频文娱形式的快速发展，催生了一批"潮老人"。他们不仅看短视频，也学习相关视频的内容产生和制作方法，快速参与到短视频内容生产领域。更有一部分老年人通过直播、直播带货重新就业，完全颠覆了人们对老年人生活的认知，让老年人生活更加多姿多彩。

④ 高品质、注重体验　比如在老年人教育学习领域，一部分有更高文化水平的老年人已经不再满足普通、单一的师资，而是希望有名师指导。所以高质量的网络在线教育，也是今后老年人在线学习市场的主要方向。

⑤ 参与文娱内容生产　随着线上文娱工具的发展和迭代，内容生产的门槛不再高高在上，普通人也能参与其中。一大批专家型中老年用户已经对于传统的"旁观者"模式感到腻烦，纷纷踊跃参与到图文内容、视频内容的生产中。大量中老年内容生产用户入住美篇、微视频、抖音、快手等内容平台，开启了人生的

新篇章。

⑥ 老年文娱消费规模潜力巨大　老年人退休后的生活除了旅游，应该有更多的文娱活动。目前市场的开发力度和热度是远远不够的，面对日益增长的老龄人口，这个市场规模和潜力无疑是巨大的。

（3）健康和安全需求

步入暮年，老年人尤其关注自身的健康和安全。健康是老年人生活质量的保障，伴随着年龄的增长，老年人的健康也会出现各种问题。健康也和安全息息相关，智能数字产品的助力，无疑会给老年人的健康和安全带来更坚实的保障。工信部、民政部、国家卫健委发布的《智慧健康养老产业发展行动计划（2021—2025年）》提出，打造智慧健康养老新产品、新业态、新模式，为满足人民群众日益增长的健康及养老需求提供有力支撑。

只要按下随身携带的智能呼叫设备，跌倒的老年人就可以得到及时救助；智能数字看护产品可以对老年人实施全天候的监护和安全看护，让老人生活更安全、更放心，让家人更安心；智能设备一键呼叫功能，通过互联网实现对老年人的24小时数字看护并提供各项服务和应急帮助……互联网和大数据，正为养老行业注入新的活力。在这两点需求上，目前尚未出现成熟模式和爆款产品，但一定是未来的重要机会。

智能技术和手段在健康管理、远程诊疗、居家照护等方面发挥了很大作用。2021年，浙江省杭州市萧山区就给独居老人安装了"安居守护四件套"。几个月前，88岁的独居老人由于忙着在客厅看电视，一时间忘记了厨房燃气灶上正烧着热水。幸运的是，"安居守护套装"发挥了作用，烟感报警器识别到屋内有烟气，立即将报警信息传输至萧山区智慧养老服务中心。在联系了老人和子女的电话失败后，值班人员迅速联系了社区网格员，第一时间上门处理。整个响应过程，不到5分钟。

在浙江省萧山区124万户籍总人口中，老年人口约31万人，占比达25%。通过智能设备采集烟雾浓度、燃气浓度、门磁开关次数与时间等数据，并借助5G网络回传至政务云端，萧山以大数据和人工智能算法，构建告警、预警模型，精准识别36种突发状况，保障老人居家安全。该应用系统自2021年上线以来，已覆盖全域22个镇街、564个村社，累计将6000余位老人纳入守护范围，预警居家安全隐患6100余次[2]。

（4）舒适需求

中老年人群对舒适的需求目前尚未被充分挖掘，但是在Age Club对一线城市的用户调研中已经发现兴起迹象，不少老人或者自主购买，或者由子女购买扫地机器人。

阻碍他们消费的因素不是价格和使用习惯，而是缺少获取相关信息和体验产品的渠道。如果解决好这些问题，各种智能家居产品很可能会受到中老年群体的欢迎。

3.2.4　需求背后的移动数字产品设计

（1）文娱需求：产品层次丰富，重度垂直型产品蕴藏丰富机会

文娱需求是容易产生消费粘性的，各大智能数字产品厂商显然已经嗅到了老年人市场的商机，准备在这片市场中开疆拓土，占领先机。现有的产品在价格、产品外形、主要功能等方面都有很大的差异。但是目前的线上产品仍旧较为单一和雷同，以符合老年人生活特点的视听产品为主，比如收音机、音箱、听书机、念佛机等。产品价位较低，主要分为100～200元、300～400元两个档次，性价比较高，符合老年人的消费能力。

比如先科的一款9英寸（1英寸≈2.54cm）屏幕的唱戏机（图3-1），顶部设计有提手，方便外出携带，亦可作为支架安放；正面设计有22个按键，包括常见的菜单、返回、上曲、下曲、播放，各种内容分类按键如电影、音乐、电子书等，以及10个数字键，供老人直接按数字选歌；可插入存储卡、U盘，赠送下载9000G视频资源，包括电视剧、戏曲、广场舞、经典老歌、小品、健身操等。仅这款产品而言，界面合理性和产品交互界面的适老性都有提升的空间。物理按键虽然能避免老年人的误操作，但是过多的按键反而增加了不确定性，让人无从选择。作为老年机来说，9英寸的屏幕远远不能满足老年人的视觉需求。

面对文娱需求旺盛的中老年群体，仅仅停留在视频影音产品上是显得较为保守的，缺乏产品开发的前瞻性。相对于传统的文娱项目，深挖基于科技产品的文娱爱好，可能会给企业带来不同凡响的商机。比如中老年群体里有很多摄影的铁

图3-1　先科9英寸唱戏机

杆玩家，而且愿意买高价设备，花费不菲。通过对100位60岁+用户深度调研发现，老年人摄影兴趣浓厚，在兴趣爱好排行中居第四位。不少老年人会加入专门的摄影群学习交流，并主动去网上和老年大学学习摄影课程；而且相机仅次于智能手机，已经成为老年人的第二大数字产品消费类型，这表明老年群体对于摄影抱有极大的热情。从平时生活观察和各种调研来看，很多老年人的钱不仅花在相机和镜头上，还花在各地旅行、盆栽等各具特色的爱好上，花费高达数万甚至数十万元，说明摄影这种重度垂直的兴趣爱好有很强的带动消费的作用。

在年轻人中越来越普及的无人机，也具备在中老年群体尤其是中老年男性中受到追捧的潜力。无人机经过多年发展，在价格、性能、操作各方面已经进入到可以大规模普及的阶段，而且和相机一样，易于和旅游等爱好相结合。在实际调研中发现，无人机在一线城市的部分中老年男性中已经出现兴起迹象，如果能够针对中老年群体做更多宣传教育、展示体验，或许无人机会成为类似相机那样的中老年消费热点。

（2）网络社交隐私与中老年家庭社交

社交显然对每个老年人都是刚需。微信由于其强大的圈层效应，已经在老年人网络社交中获得了巨大成功。多元化、无孔不入的接触入口（亲朋好友、熟人、半熟人、陌生人），使其快速占领了老年人市场，在老年人网络社交中获得了巨大成功，目前在同类产品中处于绝对领先的位置。随着微信的深度使用，老年人可能在无形中添加了越来越多的陌生人。虽然微信也考虑到了一些隐私性和安全性问题，但是其复杂的设置过程，对于老年人来说显然是不够人性化的。

面对网络社交隐私的潜在需求，越来越多的公司把目光投向"家庭私密社交"领域，即小范围的亲密朋友圈社交。目前，国外已经有不少"家庭社交"创业项目上线，这些APP只允许家庭成员之间进行交流、分享，陌生人不能加入，满足了用户对私密性和安全性的要求。类似的项目在国内也开始出现。原百合网创始人田范江创建了老年人社交软件"吧吧吗吗"家庭网，这个APP以中老年人为核心用户，集家庭生活记录、分享、评价、通信功能于一体。

不仅是创业公司，互联网巨头也注意到家庭社交的机会，纷纷整合语音交互、高清摄像头、人工智能等新技术，从智能带屏音箱、智能电视等硬件方向进行突破。比如亚马逊推出的echo show，将家庭社交作为重点功能。而且从亚马逊商城的热门用户评论看，这种产品非常受家庭成员相隔甚远的美国人喜欢。有业内人士认为，echo show的核心价值用户有三类，即老年人的子女、智能家居用户、家庭主妇。社交巨头Facebook更是推出一系列以家庭社交为主打功能的产品，如电视盒子Portal TV、平板电脑Portalmini（8英寸屏）、Portal（10英寸屏）、智能带屏音箱Portal+（15.6英寸屏）。除了常见的视频通话功能外，Facebook的Portal系列还有两个特色功能：① AR特效——在通话过程中，你还可以为自己的形象加上AR特效，这一特性也被应用到该设备的"故事时间"功能，父母可以在给孩子们讲故事的时候穿上不同的虚拟服装，增强趣味性；② 同步观看——若通话双方均为Portal TV用户，"画中画"可以让双方边聊天边同步看片。从亚马逊商城的产品评论可以发现，很多人是子女为父母、爷爷奶奶买，便于家庭成员随时联系。

近几年，国内互联网公司也纷纷投资智能影音产品领域，阿里巴巴、腾讯、百度、小米相继推出了智能音箱、智能屏等产品，并且将老年人作为主要的用户群体，着力开发面向老年人的视频通话功能，作为产品的主要卖点。传统的视频通话产品的屏幕都只有9～13英寸，手机就更小了，对于老年人来说，大屏还是非常重要的配置。但是便携设备做成大屏就失去了便携的特性，作为大屏产品的电视有希望在智能时代获得新机遇。老人有不同程度的视力问题，电视的大屏幕对他们更加友好，而且很多高龄老人极度依赖电视的使用。但以往受限于电视主机处理性能不足、缺少麦克风和摄像头等硬件，以及遥控器操作太麻烦，电视只能用作影音播放，无法进行更进一步的社交活动。随着技术的发展，未来的电视可以发展为多功能集约化的智能产品，并且能够为老年人的健康生活保驾护航。

同时，语音交互技术也飞速发展，很多智能电视都配备了语音操控功能。用户可以通过摄像头和语音在大屏幕上进行视频通话。比如，华为和小米相继推出了具有视频通话功能的智能电视，就是将家庭社交作为主要的使用场景。华为分别推出的华为智慧屏和荣耀智慧屏Pro，内置了自动升降摄像头，可进行高清视频通话。小米推出的小米电视5是外置摄像头，通过USB连接摄像头后，可以进行视频通话和VoIP语音通话。

但是智能电视添加视频通话功能的成本过高，要在老年人市场中普及有一定的难度。同时，没有统一的平台可以方便老年人使用。配备远场语音和摄像头的智能电视价格普遍较贵，而且这些产品的系统比较封闭，每个品牌都有自己的操作系统和配件。小米是一个体系，华为是一个体系，只能在各自体系内的电视、手机、音箱、APP里通话，无法像在手机端的微信那样，不同手机之间都可以进行社交通信。但尚未被垄断的市场，却也蕴含着巨大的商机，这种方式作为家庭社交来说具有很好的私密性和安全性，填补市场空白。

（3）健康安全需求：老年人健康安全守护型产品

健康和安全一直是中老年群体关注的焦点，随着中国社会深度老龄化的到来，以健康和安全为卖点的智能产品将会受到老年人用户的追捧。很多厂商已经意识到单纯的硬件产品并不能满足中老年人群的健康和安全需求，纷纷从硬件向服务延伸，打造完整的闭环。

① 智能陪伴机器人：拥有视频通话、健康医疗和安全监测功能。在家庭社交智能数字产品中，智能陪伴机器人是解决老年人健康安全问题的刚需产品。不少厂商也已经开展了相关产品的探索，但目前只是停留在视频通话功能，智能陪伴还远远不够。比如智能硬件厂商小鱼在家，2015年推出国内首款家庭智能陪伴机器人，2017年推出分身鱼视频通话机器人，2018年推出灵伴智能屏，均是以中老年人和儿童为主要服务对象。但由于产品在硬件、软件、用户体验各方面不够成熟，同时价格昂贵，在市场上并未获得良好反响。但智能陪伴机器人还是拥有较好的市场前景和商业价值，特别是针对一些高龄、失能老人，这种健康安全的需求就更加强烈了。针对这类人群，传统的手机视频通话模式不能满足他们的需求，屏幕太小，操作太复杂，而且没有24小时居家监测的功能。居家健康监测产品并不需要有便携的产品属性，它要加强的是全天候、无死角的监测功能，可以让独居老人在发生跌倒、火情等紧急情况时，通知救护人员第一时间赶到现场进行救治。

国外一些公司，已经开始尝试在智能终端中加入在线健康医疗服务，同时在室内安装能自动识别人体动作的摄像头或红外线检测器，以便在老人跌倒时及时发现和救治。国内也有公司围绕老人的健康、安全需求开发了"陪伴智能机器人"产品，功能包括床旁可视化呼叫、健康管理数据上传、平台专家远程全天候问诊等。生活服务整合医疗保健专家资源、商超资源、老年大学资源、当地的优势家政、餐馆、商超、药房等。一款名为"长颈猫陪护机器人"的产品在设计上强调易用性和安全监测，重点面向不会使用智能手机、行动不便、独居的老人。配置无线呼叫按钮和红外线监测器，解决老人在家意外跌倒时的监测和呼救问题。

② 智能手表和手环：老年人便携健康安全守护产品。智能手表和手环在以往的产品开发中以年轻人的运动健康需求为主，或者主打监测和通信，以小学生为主要用户群体。针对老年人的智能手表、手环产品仍没有形成一定的市场规模，也缺乏龙头企业和拳头产品。对于健康和安全需求非常刚性的中老年群体来说，智能手表、手环是一个非常符合随身、室外场景特点的产品，可以随时监测老人健康安全状况并及时发出警报和救助。

苹果公司推出的Apple Watch具有的心率监测、跌倒检测功能，受到了国外老年群体的欢迎。国内的智能手表、手环厂商也开始重视老年群体的需求。目前主要有以下三种产品：第一种是价格在千元以内的手表和手环，与年轻人的智能手表产品类似，并没有针对老年人群做设计改良；第二种是价格在1000～3000元及以上的智能手表和手环，有健康医疗的功能，有一定的专业性；第三种是主攻智慧养老产业的创业公司的产品，功能主要聚焦在高龄、失能失智老人的健康安全、跌倒预警、防走失等方面。

小米和京东等互联网大厂也纷纷布局老年人智能产品领域。2019年，小米旗下的华米科技推出了面向中老年群体的健康安全守护智能手表，并提供全方位的配套服务。该产品聚焦心电监测、跌倒检测等功能，连接医院心内科，搭建起线上线下互联的医疗健康服务平台。同时，华米科技还和北京大学第一医院心血管内科建立战略合作关系，组建医学服务和研究团队。该团队将智能可穿戴设备和心血管健康紧密结合，打造心血管健康智能数字服务闭环，帮助用户实现全方位的数字健康管理。华米科技将"健康安全守护"作为核心战略，并将老年人作为最主要的用户，中老年健康服务闭环也是老年人数字智能产品一直欠缺的重要一环。

京东也悄悄布局了老年人智能产品领域，它和手机厂商天语合作推出的千元老人智能手机"京东时光机"，将问诊、购药、体检、智能家居各环节打通形成闭环。这款手机的官方标配版本包含一年免费在线问诊，可以通过京东互联网医院进行12次视频问诊和不限次图文问诊，还能够在线复诊、一键购药、送药上门。在其他多个套装中，会分别赠送体检卡和体脂秤、运动手环、智能音箱、智能灯等不同产品。

3.3 老年人移动数字产品交互设计的流程和方法

当我们深入了解用户的需求之后，就可以开始制定解决方案。从概念生成，到原型开发和模拟，再到形成标准和指南，整个开发过程是迭代的。早期的概念可能会有缺陷，导致原型最终因为各种原因而不能很好地运行。例如，它们不满足功能需求、对用户来说可用性和易用性太差、在技术上不可行、太贵等。随着新概念的产生，要不断修改原型和测试，让产品逐渐完善。

3.3.1 概念生成

设计师通常会有"构思会议"，他们根据需求评估过程中的细节，反复进行头脑风暴。在这里，我们将重点讨论如何让老年人参与到设计概念的生成阶段中。

参与式设计（也称为协作设计）是指让目标用户参与到构思过程中的设计策略。参与式设计是一种侧重于设计过程的方法，而不是一种设计风格。参与式设计可以应用于各个领域，例如软件设计、城市设计、景观建筑设计、产品设计、可持续性设计、图形设计等，以创造一种对用户需求更敏感、更适应的设计。最新研究表明，与目标用户一起在协同设计环境中工作时，设计师创建的创意和想法要比自己独自构想的创意和想法更多。反思数字产品不适合老年人使用的因素，大部分是由于年轻设计师过于主观思维，并没有切实考虑老年人的需求。因此在数字产品设计的初始阶段就让老年人参与进来，能够帮助我们更好地了解数字产品适老化设计的痛点。

将老年用户纳入设计构思流程，进行参与式设计，这个过程同样也充满挑战。因为人们经常受到有限的经验限制，可能很难想象和接受新的做事方法。因此，对于老年人来说，概念构思可能特别具有挑战性，因为他们可能长期以来都有一些使用产品的固定习惯和方法，并且已经形成了长期记忆。但是在实际操作中，我们发现老年人非常愿意参与共同设计活动，只要他们得到适当的指导和支持，他们就能够为我们的设计构思提供灵感。例如，我们让老年人参加了一个居家康养APP的设计构思会议，他们能够产生很多有价值的想法。当然，为了能够推动协同设计的进行，他们在设计会议之前已经与现有的居家康养APP进行了8周的互动。他们非常清楚自己喜欢和不喜欢现有的应用程序；他们有满足或不满足他们需求的使用经验；他们能够为老年人居家康养APP设计的改良提供新的设计构思。

3.3.2 原型设计

在开发功能齐全的产品之前，可以开发初始原型以获得用户反馈。故事板是一种将粗略的想法按顺序勾勒出来的技巧。故事板的一个重要作用是显示一般布局和动作序列。使用PowerPoint或手绘板制作故事板，方便向用户展示产品组件的样子，并模拟在系统中的移动，以便用户可以看到事物是如何相关的，以及如何导航。

模拟产品如何工作（在最终确定之前）的想法是原型技术的基础。其思想是向潜在用户展示系统或产品，即使还没有完整的功能，也可以正常工作。设计师在幕后控制着产品的呈现，所以在用户看来，系统已经在运行了。这种模拟也可以使用交互设计软件、视频或实物模型来完成。在设计概念不断完善的过程中，给用户尽可能真实的体验，才能更好地完善我们的设计。

3.3.3 设计标准和设计原则

人因和人体工程学领域围绕着优化人类在系统中的表现来展开研究，其目的是设计合理的系统来适应人类，减少因为感知、认知能力限制造成的错误。自20世纪初以来，人因和人体工程学一直是一个活跃的学科，产生了丰富的原则、标准和指南，为新产品、设备和系统的设计提供参考信息。中国标准化协会（CAS）和国际标准化组织（ISO）提供了丰富的标准化参考信息，这些信息已经被各自领域的专家开发和认可。ISO网站提供了关于标准价值的明确声明：国际标准让产品、服务和系统得以正常运转。它们为产品、服务和系统提供世界级的规格，以确保质量、安全和效率，它们有助于促进国际贸易。ISO已经发布的国际标准和相关文件，几乎涵盖了从技术、食品安全到农业的每一个行业。还有一些特定领域的标准可以为医疗器械开发提供有价值的起点，比如网络无障碍标准等。无论产品属于什么类别，都有可能存在通用标准。对于适老化设计同样需要设计标准和设计原则。

著名的人机交互领域的专家尼尔森（Jakob Nielsen）博士，于1995年1月1日发表了"十大可用性原则"[3]。尼尔森的十大可用性原则是分析了两百多个可用性问题而提炼出的十项通用性原则，它是产品设计与用户体验设计的重要参考标准，值得深入研究与运用；它也是一套实用性的原则，无论是产品开发还是落地，都能够很好地帮助我们提升用户体验和设计质量。"以人为本，以用户为中心"的设计原则让设计师能够明确设计方向和用户需求。同样，这个原则也会为适老化设计原则和标准的建立提供参考。

（1）系统可见性原则（Visibility of System Status）

系统应该让用户时刻清楚当前发生了什么事情，也就是快速地让用户了解自己处于何种状态，对过去发生、当前目标，以及对未来去向有所了解。一般的方法是在合适的时间给用户适当的反馈，防止用户使用出现错误。现在大多数网页的做法是：用户在网页上的任何操作，不论是单击、滚动还是按下键盘，页面会即时给出反馈（图3-2）。如页面下拉刷新、页面加载、按钮点击后的反馈等。系统可见性可以提供初步的设计指导。

（2）匹配系统与真实世界（Match between System and The Real World）

系统的设计中应该使用用户的语言，用词、短

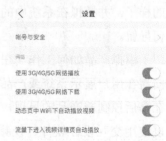

图3-2 系统可见性原则示例

语都必须是用户熟悉的概念，而不是系统术语。必须遵循现实世界的惯例，让信息符合自然思考逻辑。这也是现在大多数网页的做法：网页的一切表现和表述，应该尽可能贴近用户所在的环境（年龄、学历、文化、时代背景），而不要使用第二世界的语言。如计算器的软件界面和现实中的计算器界面一致，这样用户可以沿用之前的习惯，易于上手（图3-3）。

（3）用户的控制性和自由度（User Control and Freedom）

用户常常会误触到某些功能，我们应该让用户可以方便地退出。这种情况下，我们应该把"紧急出口"按钮做得明显一点，而且不要在退出时弹出额外的对话框。很多用户发送一条消息，总会有他忽然意识到自己不对的地方，这个叫作临界效应。所以系统最好有支持撤销或重做的功能。

用户经常错误地选择系统功能，所以设计师在交互界面设计时需要明确标注离开这个功能的"出口"，而不是"不能撤销"或者找不到"出口"。现在大多数网页的做法是：为了避免用户的误用和误击，网页提供撤销和重做功能。如微信聊天窗口的撤回功能（图3-4）。

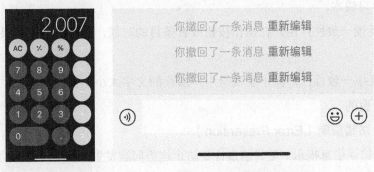

图3-3　匹配系统与
真实世界原则示例

图3-4　撤销重做原则示例

（4）一致性和标准化（Consistency and Standards）

用户不必怀疑不同的语言、不同的情景或者不同的操作产生的结果是否会不同，实际上这是同一件事情，即遵循平台的惯例。也就是说，在同一平台中，在用语、功能、操作上保持一致（图3-5）。

软件产品的一致性包括以下几个方面。

① 结构一致性：保持一种类似的结构，新的结构变化会让用户思考，规则的排列顺序能减轻用户的思考负担。

② 色彩一致性：产品所使用的主要色调应该是统一的，而不是换一个页面颜

图3-5 一致性和标准化原则示例

色就不同，如支付宝的不同页面之间都采用蓝色来保持一致性。

③操作一致性：能在产品更新换代时仍然让用户保持对原产品的认知，降低用户的学习成本。

④反馈一致性：用户在操作按钮或者条目的时候，点击的反馈效果应该是一致的。

⑤文字一致性：产品中呈现给用户阅读的文字大小、样式、颜色、布局等都应该是一致的。

（5）防错原则（Error Prevention）

比"错误信息提示"更好的设计是防止这类问题发生。在用户选择动作发生之前，就要防止用户容易混淆或者错误的选择出现。在交互设计中，设计师通过网页的设计、重组或特别安排，防止用户出错。如当用户登录时，在没有填写完手机号码和验证码前，底部的登录按钮是设置成灰色不可点击的，只有两项都填写完整，底部的登录按钮才会变为可点击状态（变成蓝色），这就是为了防止用户犯更多错误，也是防错原则的一种体现（图3-6）。

（6）识别比记忆好（Recognition rather than Recall）

尽量减少用户对操作目标的记忆负荷，动作和选项都应该是可见的，用户不必记住一个页面到另一个页面的信息。系统的使用说明应

图3-6 防错原则示例

该是可见的或者是容易获取的，尽可能减少用户回忆负担，把需要记忆的内容摆上台面。通过把组件、按钮及选项可视化，来降低用户的记忆负荷。用户不需要记住各个对话框中的信息。软件的使用指南应该是可见的，且在合适的时候可以再次查看。例如图3-7中，左图浙江预约挂号APP，用手机登录时，收到的验证码直接展示在软键盘上，用户无需记忆也无需输入，直接点选即可登录；中间的腾讯视频APP会详细记录用户的观看记录，当用户没有看完某部电影时，下次进入观看历史，直接从断点续播上次播放的位置，无需用户记忆上次看到哪里了；右图淘宝APP中，当用户选择商品时，系统会自动计算商品价格和满减后的价格，还会帮用户记录选择了哪些商品及份数，不需要用户自己花时间去计算还差多少才能满减等，减少用户记忆负担，这也用到了易取原则。

图3-7　易取原则示例

（7）灵活高效原则（Flexibility and Efficiency of Use）

使用灵活高效原则，可以提高交互设计中用户的使用效率，例如微信聊天页面中，当用户输入某个字词之后，系统会自动匹配相应的表情包，如图3-8中的左图；如果使用输入法，当输入某个词之后会帮用户自动联想接下来可能会输入的词；截图进入微信聊天页面后，系统会将刚截的图前置，它会自动判断用户可能想发送该截图。如图3-8中的右图，微信聊天表情包中的"常用表情"模块，把常用的表情进行分类，提高了聊天效率。

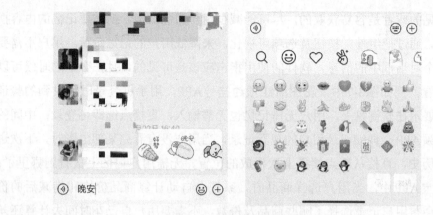

图3-8　灵活高效原则示例

（8）审美和简约的设计（Aesthetic and Minimalist Design）

对话中不应该包含无关紧要的信息。在段落中每增加一个单位的重要信息，就意味着要相应地弱化一些其他信息。

现在大多数网页的做法是：互联网用户浏览网页的动作不是读，不是看，而是扫。易扫，意味着突出重点，弱化和剔除无关信息。比如音乐类软件的音乐播放界面，从视觉和功能布局上设计简约美观，功能主次分明，是优美且简约原则的一种体现（图3-9）。

（9）帮助用户识别、诊断，并从错误中恢复（Help Users Recognize, Diagnose and Recover from Errors ）

错误信息应该用语言表达（不要用代码），较准确地反映问题所在，并且提出一个建设性的解决方案。现在大多数网页的做法是：帮助用户从错误中恢复，将损失降到最低。如果无法自动挽回，则提供详尽的说明文字和指导方向，而非代码，比如404。

如图3-10所示，左图是一款出行APP，当用户未打开手机定位时，在页面中间醒目位置会提示用户"位置权限已关闭"，并给出一个"立即设置"的按钮。右图是另一款APP，当网络信号不好时，用户想查看页面，这时会提示网络信号遭到干扰，同时在下方给出一个醒目的按钮"重新加载试试"，引导用户解决问题。

（10）帮助和文档（Help and Documentation ）

系统页面最好不要展现文档（说明设计简洁明了、用户容易操作），但是还是有必要提供帮助和文档。任何帮助信息都应该容易被搜索到，让用户能快速掌

图3-9 易扫原则示例　　　　　　图3-10 容错原则示例

握操作的方法，继续执行任务。现在大多数网页帮助性提示最好的方式是：① 无需提示；② 一次性提示；③ 常驻提示；④ 帮助文档。

3.3.4 迭代设计

尽管设计标准和设计原则可以为设计解决方案提供设计痛点和相应的约束条件，但设计是一个过程，这个过程最基本的特征是它是迭代的。开发的概念和原型仅仅是第一步。随着概念的完善和原型的测试，产品的想法将不断发展和改进。作为目标用户的老年人应该积极参与到开发的所有阶段，他们的反应和交互将决定设计的下一个迭代。此外，设计迭代不应在完整功能原型开发完成后停止，相反，应该进行现场测试和长期使用试验，以根据实际日常使用情况进一步完善设计。

3.4 设计研究的方法和工具

现有社会学的研究方法和工具可以支持整个设计过程，让我们对用户进行研究。在这里我们将结合老年人的特点介绍几种常用的方法和研究工具。

3.4.1 访谈

访谈是有效的定性研究工具，它可以帮助设计师深入了解人们的观点、思维过程、困惑和想法。访谈可以在产品开发的早期进行，它可以帮助设计师确定需求；也可以在原型测试期间评估用户的态度或困惑点；或者在产品使用一段时间后，确定产品用途的变化和可能意想不到的后果。访谈可以对个人进行，也可以对小组进行。它们可以包含开放式的一般性问题，也可以按照特定的顺序向每个人提出详细的问题。

访谈后需要对相关数据进行整理和分析。数据分析的方式很多，可以确定主题和对象，也可以进行编码分析。比如分析评论的频率，也可以分析它们在目标用户组之间是否有显著不同（例如，高技术体验和低技术体验；男性和女性）。

为了详细说明访谈的好处，我们在这里重点介绍专家访谈。接下来我们就以老年人家庭康养移动平台为例，展开具体的说明。访谈的专家人群分为三类，针对每类人群设计的问题各不相同。

① 第一类专家人群是平台的目标用户，包括不同年龄、不同教育程度和患有各种慢性病的老年人。家庭康养移动平台主要为老年人的居家生活和慢性病管理提供广泛的服务，所以访谈内容可以集中在人口统计学和病史、健康管理策略（即目前用于监测和管理慢性病的一般健康管理的方法）、当前家庭康养的技术支持程度、成功的健康管理面临的挑战和障碍，以及改进建议等。

② 第二类专家人群是病人的家庭照顾者，即没法在慢性病老人身边照顾的子女，或者提供家庭照护服务的管理者和护工。访谈内容可以集中在家庭康养平台的内容和作用；家庭照顾者对于家庭康养平台的了解程度；目前家庭健康管理面临的困难等。

③ 第三类专家人群是初级看护、老年科医师、急诊室医师、家庭保健师、物理治疗师和职业治疗师等。访谈脚本可侧重于老年患者的临床经验；对现有的家庭远程康养技术的了解、认识和使用；医护人员关于可能发生的医疗差错、护理过度、药物调整、医疗记录、居家老年人的潜在风险的想法；智慧医疗如何帮助他们管理自己的治疗，比如知道何时干预或监测一个新的治疗计划；以及他们希望数据出现在什么地方，以便于与他们的临床工作流程整合。

考虑到访谈问题涉及个人信息，一对一的面谈可能比小组面谈更有效。定性数据提供了丰富的有关老年人家庭康养需求的背景信息。老年人家庭康养的传统中小企业帮助我们确定了目前家庭智慧康养的技术障碍和促进因素，可以有针对性地通过技术方案来解决。临床医师（专家访谈）提供了患者人群对特定慢性疾病的需求细节，以及他们监测和制定治疗计划所需信息的性质。所有三个专家小组都提供了有效的意见和建议，这对于家庭康养技术平台的成功部署至关重要。

3.4.2 观察

用户观察可以采取不同的形式。设计师可能会在可用性研究中观察参与者执行任务的情况。这种观察可以发生在新产品的早期原型或模拟中，有助于理解现有产品的局限性。例如，要求老年人在健康管理APP上执行任务，并用视频记录他们的互动。后期对视频进行分析，对困惑点、错误类型和完成任务的时间长度进行分析。

实地观察是另一种类型的观察，通常用于确定用户在实际条件下与产品或系统交互时遇到的问题。例如，观察老年乘客使用航空公司自助值机机器是否有障碍。观察用户与设备的互动并记录观察结果，是了解用户可能遇到潜在问题的一个有效方法。

3.4.3 启发式评估

设计启发式评估需要一个或多个评估者来检查产品、原型或系统的特征，以确定它们是否符合可用性标准。启发式评估通常需要多个评估人员，评估人员应具有可用性或应用领域的专业知识，他们相互独立地检查产品或系统。分析的目的是确定产品设计是否违反了启发式的原则。如果违反了，分析是如何违反的，并确定提高设计可用性的方法。例如，分析居家康养自我管理的应用程序，发现了一些设计不一致的例子（如按钮大小和名称）、防差错和恢复困难（更新、编辑或删除以前输入的数据的选项有限）、导航困难（屏幕之间的移动不符合逻辑、图上缺少滚动条）、美学问题（低色彩对比度；视觉上的混乱；小按钮尺寸）、帮助和文档问题（帮助指南不容易访问，工具缺乏说明）。这些评估中发现的问题都有助于提升现有系统的设计，避免新系统设计中再出现类似的问题。

3.4.4 任务分析

任务分析是将用户与产品或系统交互时执行的任务，根据任务目标分解成需求信息的方法。任务分析方法有很多种，比如，分层任务分析是在交互设计中很常用的方法。在使用分层任务分析时，用户根据任务目标来分层执行任务，这些目标被分解为相应的计划和操作。例如，考虑使用慢炖锅做蔬菜汤的任务。为了实现这一目标，任务计划可能包括收集食材、测量和准备它们，打开炊具并设置正确的温度和时间。按照计划的每个步骤，按顺序执行操作。

虽然用户流程地图也可以用来描述分层任务，但使用表格进行分析更加全面，这样可以包含与操作步骤相关的所有有用信息。比如，用户的行动或行为的类型、与这些操作相关的潜在错误、从这些错误中恢复的机会、这种操作是否增加了认知负荷，以及潜在的伤害或危险等。

任务分析可以在设计的早期进行，确定用户的视觉和听觉需求，对用户的认知要求，以及身体要求，如准确性、灵活性或力量要求。这些信息能引导我们找到老年用户可能面临的问题。在产品开发的后期，可以使用任务分析来分析用户与产品的交互。比如询问用户"为什么做了某个操作"或"如何按计划完成特定的步骤"。通常，后期的设计能够更深入地了解任务步骤之间的依赖关系和完成目标的困难程度。

任务分析也可以应用于老年人手机操作教学手册的开发。任务分析提供了所需步骤的详细信息和适当的顺序，可以用于指导详细手册或快速启动指南的开发。

3.4.5 认知演练

认知演练是另一种可用性评估的方法，由经验丰富的评估者执行。其核心是从用户的角度处理一系列任务，考虑用户在任务的每一步会知道什么，在哪里可能会出现混淆或错误。当为老年人设计时，评估者应该了解与年龄相关的身体、感觉、运动和认知限制（如第2章所述）。认知演练的重点是了解新用户或不经常使用的用户操作系统的可用性。

认知演练可以由独立的评估者进行。我们发现召集几位专家进行认知演练和集体头脑风暴是很有用的，它可以帮助我们了解用户可能知道什么，在哪里可能出现困惑。我们最近在设计老年人吃药APP时使用了这种方法——我们逐步检查了使用该系统的每个任务序列（例如，设定吃药时间、设定提示声音等），并根据老年人的生理特点和"以人为本"的设计原则确定了设计改进方向。

3.4.6 用户研究

用户研究可以在设计的较早期进行（为了评估可行性和可用性），可以通过原型、视频、虚拟现实和增强现实等方法提供测试版本，在模拟环境中，目标用户给予相应的反馈。这种早期反馈对于早期的设计迭代是非常宝贵的。它可以节省时间和金钱，因为给目标群体开发不适合的产品是毫无意义的。而目标用户觉得不合适不外乎两种原因，一种是对特性缺乏兴趣，一种是不可克服的可用性挑战。

随着设计的不断改进，用户研究需要对开发的产品进行最终评估和测试。在测试中，用户面对最终版本的产品执行任务，进行可用性评估，从而确定系统的问题（例如，代码失败，流程错误）和可用性障碍。在最终评估中，评估的重点是新产品或系统设计的可用性。

一般来说，可用性分为易学性、效率、记忆性、错误和满意度五个属性，这个也是用户研究和可用性评估的重点内容。这里我们将针对可用性的五个属性简单展开介绍。

（1）易学性

易学性是指学习使用设备的容易程度。易学性的测量需要捕捉学习初始阶段难易程度的用户表现。一个基本的衡量标准是，不熟悉产品的用户需要花多长时间才能熟练地使用它。易学性可以反映用户成功完成指定任务的程度，或者在指定的时间内完成任务（或一组任务）的程度。

（2）效率

效率意指用户在合理的时间内实现他们预期目标的程度，即设计用户可接受的产品性能，而不会使用户沮丧、疲劳或不满。为了评估效率，测试中最好邀请具有一定使用经验的用户作为代表性样本，测量用户执行各种常用任务所需的时间。

（3）记忆性

记忆性与记住如何使用一个设备有关，这意味着在不使用一段时间后，重新学习的努力应该是最小的。测量记忆性应该仅限于那些不打算经常使用设备的用户。一种方法是让测试参与者在学习设备后的某个时间返回测试环境，然后测量完成一组任务（之前已经学习过的）所需的时间。或者，在设备测试之后，要求用户回忆关于设备使用的各种程序；根据数字产品的不同，用户可以依靠设备的视觉线索回忆起这些功能或过程。

（4）错误

错误广义上可以指设计缺陷导致用户未实现目标操作任务。有许多方法来描述错误。在评估可用性时，我们会描述和统计不同类型的错误，将用户能立即检测和纠正的小错误与严重错误相区别。严重错误对用户来说更麻烦，甚至可能是灾难性的，因为它们会阻止设备运行。模式错误（另一种重要的错误类别）发生在用户无法实现任务目标的情况下，原因是用户无法识别产品目前处于何种模式，和用户预习目标不符。其他错误类别包括遗漏关键步骤、替换不正确的步骤，以及不正确的顺序执行任务步骤。区分"疏忽"（例如，无意中激活控制）

和"错误"（例如，有意但不适当的操作）也是有用的。

关于错误的反馈可能由产品的界面发出，也可能不发出。在任何情况下，应使用户与产品交互时产生的错误尽可能少，如果发生了错误，使用户能够很容易从错误中恢复。通过测量用户是否意识到他们犯了错误（通过系统反馈），以及他们是否知道如何从错误中恢复，可以在可用性测试中评估反馈的效用。如果测试中没有发生错误，则可以模拟错误情况。

（5）满意度

满意度是指用户在与产品互动时的愉悦体验。对某种数字设备的满意度通常通过问卷调查或测试后的访谈来主观地衡量。问卷一般采用李克特5点量表，要求用户在1～5分的范围内对设备可用性进行评价，比如"同意程度"（1=非常不同意，2=有点不同意，3=中立，4=有点同意，5=非常同意）。为了减少人们在这类问卷中的礼貌性回答倾向（回答偏倚），可以在一些问题中包含"相反的极性"，即一致对应的负面评价。一般来说，相对于不同版本的评价，在同一产品上比较不同用户群体（如年轻人和老年人）的评价更有意义。这种比较使评价能够在相对而不是绝对的基础上加以分析，增加用户变量。评价也可以通过访谈时提出的问题产生。访谈的一个优点是可以促进关于用户与产品交互体验的自发对话，从而提供可能被遗漏的潜在的有价值信息。

在用户研究中，必须对以上这5个属性进行评估，以测试设备的可用性。还有一些可以测试可用性的标准量表，例如系统可用性量表（System Usability Scale，简称SUS）[4]。系统可用性量表（SUS）很容易操作，它由10个问题组成，回答选项为强烈同意和强烈不同意（例如，我经常使用这个系统，或者我发现系统过于复杂）。系统可用性量表（SUS）的优点是它可以用来评估各种产品和服务，只需对问题稍加修改。它提供了一个度量标准，高于68分即高于平均值，这个阈值可以作为是否需要继续设计迭代产品的决策标准。

我们要对用户的交互行为做观察记录，以便后期进行错误和混淆点分析。有声思维法既可以用于分析正在执行的任务，也可用于分析观察视频（回顾用户交互行为的视频）。例如，我们可能要求测试参与者在与产品交互时大声地说出自己的想法，强调他们正在做什么。但是，并不是所有的人都愿意在忙于某些活动时说出自己的想法，所以在执行熟悉的任务（例如，在支付宝首页面中搜索付款码）时，提供一个热身式的有声思考练习是非常有用的。在某些情况下，特别是对于复杂的任务，在大声思考的同时执行任务可能是非常困难的。这些测试对于老年人来说都不简单。

3.5 使用和推广

通常情况下，一旦产品完成最后的测试并开始生产，设计过程似乎就结束了。然而，设计评估是一个长期的过程，即使在产品上市以后，仍要对产品的初次使用和长期使用进行评估，否则许多新的设计可能会失败。

3.5.1 初次使用

设计师除了设计产品，还需要设计营销素材，以提高人们对该产品功能的认识，包括为什么老年人会认为该产品对他们有帮助。技术接受行为不是一个一蹴而就的过程，它包括态度、意向和行为整合。我们从技术接受的相关文献中了解到，感知有用性是使用新技术意愿的关键决定因素。如果老年人看不到一种产品的好处，他们甚至不太可能尝试使用这种技术。例如，我们发现许多老年人并不认为健身追踪器是为老年人设计的，因为所有的营销都以年轻人为目标。但事实上，一旦他们尝试使用它们，他们也会看到这个技术对自己生活的潜在好处。所以，了解老年人的需求并让他们参与设计和传播过程，可能会有助于克服态度障碍。此外，设计过程必须能为后续教学素材的开发和技术培训提供支持。老年人不太愿意通过反复练习来学习新东西，他们更喜欢有人演示，并把信息写下来。因此，要给他们提供容易获得的指导手册或视频，这样他们就可以在学习中经常翻看。

3.5.2 长期使用

用户在使用产品的过程中必须将它们融入日常生活中。设计师只有了解产品在日常环境中是如何被使用的，才能设计好迭代产品，并且不断提高设备可用性。

在长期使用过程中，可能会出现意想不到的结果。例如，我们发现，人们停止使用健康管理应用程序有不同的原因。在评估测试中，我们发现了四类用户：

① 初步观察：参与者在招募后（即1天后）不返回测试；

② 早期退出：参与者进行了几天的测试，但在提供纵向数据之前退出；

③ 后期退出：参与者参加测试的时间较长，但在测试结束前退出，未完成结案调查；

④ 维护者：参与者参与了整个测试并完成了结束调查。

进一步分析发现了这些人群具有不同的特征和停止使用的原因。最能说明问题的是中间的两个群体。对于那些尝试了该服务但后来停止的早期退出者，可能他们没有看到健康管理程序的好处，或者应用程序太难使用。了解产品痛点将为设计改进提供指导建议。对于后期退出的人来说，可能是因为他们不再需要这项服务（也就是说，他们已经学到了他们需要学的东西），或者是他们发现这项服务很难融入他们的日常生活。所以了解测试中断的不同原因可以为设计师提供有价值的设计建议。

3.6　移动数字产品适老化交互设计的基本原则

老年人是信息化社会中的弱势群体，从数字生活到数字娱乐，他们对于数字产品的体验会和年轻人存在很大的差异。一般来讲，50岁以上的老年用户会开始出现认知能力的退化，包括视力、听力、触觉、平衡能力等。因此，他们有可能会本能地排斥学习新的科学技术，对数字技术充满恐惧和抗拒。一旦遇到使用障碍，他们的无助和沮丧感也会特别强烈，从而产生畏难情绪，不愿意继续使用。

此外，互联网信息量巨大、网络诈骗案件层出不穷，老年用户缺乏足够的辨别和反应能力，也给他们带来了很多疑惑和不安全感。现实生活中，老年人也是网络诈骗的主要受害人群之一，他们可能会因为不小心点了欺骗性的广告链接，造成巨额的财产损失。在工业和信息化部办公厅发布的适老化标准中也指出，在适老化界面中需要保证产品的安全性，限制广告插件及诱导类按键。为了给老年用户带来更好、更安全的产品体验，让他们跟上时代的步伐，我们的设计应当为其考虑。为他们考虑，也是为未来的我们设计。

目前，很多互联网头部企业都已经按照工信部的要求完成了APP和网站的适老化改造，并且分享了很多改造经验。可以说，适老化是今后互联网应用程序发展的一个大趋势。我们总结了互联网头部企业关于APP适老化设计改造的具体措施和方法，总的来说有以下几点。

（1）对比强烈的视觉效果

视觉障碍是老年人认知能力障碍的最主要因素，他们经常看不清、看不见某些标识，严重影响了移动数字产品的使用流畅性。设计中的常见做法有增大字体大小、使用非衬线体字体、提高颜色对比度等。如图3-11所示，相比原版的APP，浙里办大字版模式都修改了UI界面，每个功能模块都用了明亮的大色块、加大字体的设计。

图3-11　浙里办适老化设计改造前后对比图

（2）多模态设计

针对老年人的听觉障碍和视觉障碍同时存在的问题，可以采用多模态设计的方法，让老年人在数字产品使用中有多种选择。比如，对于一些声音文件，可以通过视觉辅助来提高可及性，比如将声音转化成文字，或者扩大音量、降低语速等。增强声音通知功能，让老年人可以识别特定声音（比如烟雾警报器、婴儿啼哭、敲门声等），并转化成文字及视觉符号推送至手机，方便听障用户辨别生活当中一些重要的声音信号。对于视觉障碍的老年人，则可以采用文字语音播报的形式，这一方式对于盲人也同样适用。比如浙江政务网的无障碍适老化改造就增加了语音播报模式，让有视觉障碍的老年人通过听觉辅助来提高操作效率。所以视觉辅助和听觉辅助都是很有必要的，不能一味地强调某种功能。考虑到老年人的实际需求，还可以添加一些其他的辅助模式（图3-12）。

图3-12　浙江政务网的语音播报模式

（3）操作手势

肢体障碍，主要是老年人手部精细动作能力和平衡能力退化，在设计中要减少页面信息的密度，避免使用过小的按钮和复杂的交互手势。

有研究表明，老年人在操作时难以瞄准物体；在浏览图片时，视力衰退导致无法对焦。他们会不断地用两只手指放大或缩小，并反复点击屏幕。某出行APP的关怀模式采用卡片拼接的设计方式，将间距放大，保证每个信息有更大的展示空间，同时也放大按钮点击热区，提高操作的准确率（图3-13）。

图3-13　某出行APP适老化设计改造前后对比图

（4）尽量采用具象图标

针对老年人记忆能力的认知障碍，在设计中应避免使用不易识别的图标，尽可能采用老年人较为熟悉的具象图标，同时尽量做到图文结合，简化信息呈现的形式。文字加图标为主的设计有助于提升老年新手用户对智能手机使用的学习效率和记忆。某出行APP关怀模式针对老年人进行功能精简，满足高优先级核心诉求，首页只放"一键叫车"（图3-13），操作简单，大字、无广告。浙江预约挂号关怀版的图标就采用图文结合方式，并使用具象图形方便老年用户识别（图3-14）。

（5）导航清晰

老年人对技术的掌握程度可能不如年轻人，因此需要确保产品导航清晰、简单易懂，且易于操作。比如，将主要功能放在易于发现和访问的位置，并采用清晰的标题和标签，以便老年人能够快速找到所需的操作。为了避免界面过于复杂和烦琐，可以简化界面元素的数量和排列方式，将多个相关功能组合在一起，使操作更加直观和易于理解。如图3-15所示，浙里办"关怀版"的导航栏更加清晰和简单，方便老年人操作。

 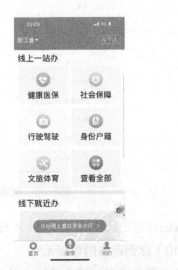

图3-14　浙江预约挂号适老化设计改造　　图3-15　浙里办"关怀版"的导航栏

（6）明确的反馈

老年人可能需要更多的时间来完成任务，因此提供明确的反馈，如动画或声音，可以帮助他们更好地理解系统的操作。例如，引导指示、错误提示、成功反馈等。

（7）单一任务界面

对老年人来说，多任务可能会造成困惑和压力，因此要尽可能将功能和任务分解为单一任务。这样，老年人就可以专注于一个任务，然后轻松地完成它。如图3-14所示，浙江预约挂号老年人版本的首页面中，就放了预约挂号的任务，没有添加其他选项。同时也要避免让老年人同时操作多个任务。

（8）简单明了的语言

使用简单的、易于理解的语言，避免使用专业术语、缩略语和技术语言，以确保老年人能够理解界面的含义。在移动数字产品的交互界面设计中，应该避免在文字图标中采用生涩难懂的文字，让文字更加贴近老年人的生活（图3-16）。

（9）合适大小的按钮和字体

使用合适大小的按钮和字体，以确保老年人可以轻松阅读和操作界面。虽然老年人的视觉能力退化，但一味地增大文字并不能提高老年人的操作效率，将文

图3-16　浙里办"关怀版"的次级导航栏

字和按钮设定在最佳区间值中，才是最有效的设计。

（10）比例适当的界面元素

对老年人来说，过小或过大的按钮和文本都可能会导致他们难以完成任务。因此，要确保界面元素的大小和比例适宜。如图3-13所示，曹操出行的适老化界面改造中，在原来界面的基础上，增大了界面按钮的大小和字体的大小，同时又没有过分放大按钮，而是通过醒目的颜色来提醒老年人用户。去掉广告之后的界面，也变得清爽很多。

参考文献

[1] 王天进. 2019银发数字用户娱乐行为分析[EB/OL]. [2019-04-26]. https://www.analysys.cn/article/detail/20019305.

[2] 杨彦帆，祝佳祺，窦皓. 数字化助力养老行业发展（健康焦点）[EB/OL]. [2023-02-10]. http://cpc.people.com.cn/n1/2023/0210/c64387-32621117.html.

[3] NIELSEN J. Usability engineering [M]. San Francisco: Morgan Kaufmann Publisher, 1994.

[4] BROOKE J. SUS-A quick and dirty usability scale [J]. Usability evaluation in industry, 1996, 189(194): 4-7.

第 **4** 章

基于设计元素的
适老化交互设计研究

在数字技术的发展过程中，用户界面的风格已经改变了好几次。最近几年，从桌面应用程序到web应用程序，再到移动应用程序都发生了一些变化。这些变化可能需要用户学习新的交互方式，对一些年轻用户来说这可能比较容易，但对年长的用户来说，这可能就是一个很大的挑战。通过老年人（通常是65岁以上的老年人）和年轻人之间的差异化比较研究，能够帮助研究者更好地进行适老化设计。通过前面的研究，我们发现老年人使用数字产品不仅受到认知能力衰退的影响，也受到软件设计不直观和不够适老化的阻碍。因此，进行老年人交互界面的适老化设计探索就显得尤为重要，它可以从设计层面提高软件的可用性，提升老年用户的用户体验，从而促进老年人跨越数字鸿沟，克服畏难心理和数字焦虑。

4.1 基于设计元素的老年人移动数字产品的交互障碍

通过对web of science数据库内的相关文献进行搜索，我们找到了"老年人移动数字产品交互障碍"有关的论文53篇，并对论文研究内容和结论进行梳理，从而总结出了老年人移动数字产品交互障碍的相关线索，综合来说有以下障碍因素。

① 字体大小、屏幕大小、字体类型、按钮和颜色对比问题　这是老年人智能手机交互界面设计中最常见的可用性障碍，大约76%的文献对此类问题进行了讨

论和研究。造成可用性障碍的原因很多，如字体小（知觉问题）、令人困惑的菜单（认知问题）、小按键与小间隙（知觉和运动问题）。具体的障碍包括长时间搜索图标和识别图标的困难、字体颜色的问题、声音质量低、容易忘记学过的东西等。技术的快速变化以及软件更新又会造成新的可用性问题。比如，老年用户在智能手机上完成任务需要花费大量时间，因为智能手机的屏幕太小，给他们造成了阅读信息的障碍。

②菜单和导航问题（约占63%）　在适老化设计中改进菜单和导航设计是很重要的。老年用户在浏览智能手机菜单时，普遍感觉空间感应能力低下、体验混乱，并感到"迷路"。导航按钮应该具有一致性，核心功能必须是可见的和可访问的，用户容易发现，并且能及时纠正错误。导航界面元素的大小和用户偏好也是与适老化设计相关的因素。

③缺少经验和知识（占56%）　调查发现，全世界各地的老年人口对智能手机应用程序的使用率较低[1]。老年用户的学习能力问题与许多因素有关，如认知能力困难、对计算机使用、设备接口问题不熟悉等。语言理解能力差是老年人使用手机的主要障碍之一，很多没有智能手机使用经验的老年用户学历较低，而且目前的智能手机对于老年文盲用户是不友好的。

④不熟悉和语义不清晰的图标　老年用户对现代智能设备的了解程度较低，特别是对设备图标的了解程度往往也较低。他们不熟悉这些图标，因此很难理解图标的含义和功能。老年用户在使用现有智能手机图标时面临很多问题，比如无法将语义信息与这些图标联系起来。

⑤触摸屏和全键盘　这是老年人在使用智能手机应用程序时面临的一个大的障碍。老年用户不太熟悉以触摸屏形式出现的全键盘的使用，他们往往需要很长的时间才能熟悉并熟练掌握手机触摸屏的键盘操作方式。很多老年人不会打字，也搞不懂文字输入复杂的切换方式，大部分老年人只会用语音来聊天，不会文字输入。但随着越来越多的老年人开始使用数字软件，进行数字社交互动，软件研发公司也在努力提高触摸屏键盘的适老化设计。

⑥复杂的界面和功能　由于老年人生理机能的退化，复杂界面对老年人来说更加难以使用。老年用户对互联网的使用不太熟悉，他们感兴趣的活动都是线下进行的，比如旅游、金融、教育和线下购物，他们往往远离数字产品。所以他们对于界面和功能复杂的智能手机是有很大的技术疏离感的，他们觉得手机的界面和功能难以理解，使用起来费时费力。

⑦文本输入　大约23%的文献讨论了文本输入的问题。老年人明显在文本

输入速度和准确性上与年轻人存在很大的差异，而平板设备由于键盘更大，能提高一部分适老性。传统的打字输入方式对老年人来说是很大的挑战，老年人需要大量练习才能学会打字，有相当一部分老年人由于手抖和不懂拼音等原因，根本学不会打字。文本输入的按钮太小，老年人很容易误触。当然智能手机的手写输入方式能解决一部分老年人的文本输入问题，也有一部分老年人采用语音转文字的输入方式。随着数字技术的发展，文本输入的方式也越来越多样化，在适老化设计中要选择最适合老年人认知能力的输入方式。

⑧ 缺乏足够的数字技术知识　大约20%的文献讨论了此类问题。老年人通常对新技术的重要性认识较少。对智能手机技术了解较少和误解，是造成老年人不愿意使用智能手机的主要原因，让老年人了解这项技术很重要。

⑨ 可见性和可读性差　超过23%的文献讨论了这个问题。老年人在使用智能设备时存在文本可见性和可读性差等问题。在小屏幕上浏览可能会给老年用户带来诸多问题，因为他们要面临可见性、焦点识别、理解能力、操作文本和超链接识别等障碍。

⑩ 操作的视觉反馈　约30%的文献讨论了这个问题。触摸屏界面的操作依赖于视觉反馈。然而，老年人很难理解普通操作手册上的内容，并且记不住操作步骤。所以设计适老化的操作手册和操作反馈是很有必要的。适老化的操作手册和操作反馈可以帮助老年人在使用智能手机时产生掌控感，消除他们在使用智能手机时的不自信。如果发生相关问题，操作手册和操作反馈将帮助他们解决。

⑪ 设备成本　设备成本能直接产生老年人的数字接入障碍，有一些老年人会觉得这些成本太贵了，难以负担。了解他们能接受的设备价格，提供价格优惠和额外的补贴，让老年人用得起这些设备。同时，也可以给一些极度贫困老年人提供设备支持，比如采用企业合作或者免费赠予的形式。

⑫ 缺乏足够的支持和信任　这也是老年人不愿接触新技术的主要原因。老年用户有一种误解，认为他们学不会新技术，所以他们索性不去学习它们。老年用户面临技术操作效率低的问题时，习惯于自责。他们认为这些问题的发生是由于他们较差的学习能力。老年人的自我效能感是非常重要的影响因素。老年人对使用技术普遍存在恐惧感，他们甚至感到羞愧和没有安全感，他们觉得使用新技术总是出错，会让自己显得更加笨拙，这种恐惧使他们非常抗拒新技术。

⑬ 拖放、软键盘和多点点击问题　与年轻人相比，老年人在使用软键盘和多点点击方面面临更多的问题，而智能手机具有更改按钮标签、触摸和按住这些操作，这会让老年人感到异常困惑。软键盘和多点点击对年轻人来说很容易，但对

老年人来说却很困难。多点点击功能甚至让一些老年人感到愤怒，他们无法理解手机9宫格键盘（标准12键盘）上的字符。

⑭ 小按键之间的间隙　大约有10%的文章讨论了此类问题。Dong等人认为界面可用性问题可能是以下问题组合的结果：小字体（知觉问题）、令人困惑的菜单（认知问题）和小按键之间的间隙小（感觉和运动问题）[2]。这些障碍是缺乏培训造成的，可以通过培训课程和家人的指导来消除障碍。Francisco的研究表明，老年人需要更多的时间来完成智能手机上的任务，并定义了阅读信息的屏幕大小、菜单的大小和输入数据的界面等问题[3]。老年人在轻触一个小目标时，当预期的触点位置和实际触点位置之间存在差距时，往往会犯错误（由于视差和每个手指的接触面积过大，老年人往往会错过他们预期的目标）。

此外，我们引入了识别信息关键因素的概念，来识别关键性障碍。这个方法源自管理学的感知因素，即关注关键因素来实现特定的任务目标。关键因素可能因个体在组织中的职位不同而有所不同，而且关键因素也可能随着时间的推移而变化。因此我们采用以下标准来确定具体因素的临界性，如果该因子的出现频率大于30%，则认为它是一个关键因子。这个标准可以用来确定关键障碍。

最后共有6个障碍被归类为影响老年人移动数字产品可用性的关键障碍：

① 字体大小、屏幕大小、字体类型、按钮和颜色对比度；

② 缺乏数字技术经验和知识；

③ 操作的视觉反馈；

④ 不熟悉和语义不清晰的图标；

⑤ 选项和导航问题；

⑥ 触摸屏和全键盘问题。

4.2　基于设计元素的适老化交互设计研究综述

在移动数字产品的使用中，令人舒适的用户体验与优秀的交互界面设计密不可分。老年人在操作移动数字产品时的任务表现受界面设计、主观表现和外部环境等因素的影响，而交互界面的设计元素是用户满意度和用户情绪波动的重要决定因素。老年人移动数字产品的交互界面设计研究大致围绕三种智能设备展开：计算机网页、智能家居设备和移动应用。为了实现老龄用户群体界面交互的舒适度和准确性，正确选择和布局界面的每个设计元素是至关重要的。界面布局、界面颜色、界面图标这三个特征是基于广泛的文献研究得来的。

4.2.1 界面布局

在界面布局方面，有研究者提出了一种基于层次分析和灰色理论相结合的评价方法，来评价界面元素布局[4]；还有人开发了一种结合审美偏好来布局的设计方法，发现在界面布局设计中加入用户的审美偏好因素可以带来更好的效果[5]。例如，高润泽等人根据顾客视觉注意力最受欢迎的点和浏览习惯，对购物网站的页面布局进行了研究[6]。在结构创新方面，Li等人研究了老年人常用APP的导航模式，发现他们更喜欢面向内容的设计模式[7]；Wu等人发现老年人更喜欢纯文本布局而非图形布局[8]；Su等人发现老年人在浏览网页时更关注中心区域，而在网页视觉搜索时更关注外围区域[9]。通过分析老年人在使用不同移动学习平台时收集的眼动数据，Zhang等人发现垂直布局面板设计比水平布局面板设计更能提高老年人的效率[10]。

4.2.2 界面颜色

在界面颜色研究中，Zhang等人发现通过斯皮尔曼等级相关系数分析优化颜色语义，可以提高智能手机界面图标颜色的用户满意度[11]；Wu等人结合感知工程评价和实验心理学对老年人智能厨房电器界面的视觉元素进行分析，获得了老年人对界面颜色和图形的偏好[12]。

4.2.3 界面图标

在界面图标的研究中，图标是重要的图形元素，直接影响交互的质量和用户体验。图标风格也是影响用户感受的一个重要的按钮设计因素。研究发现，在点击扁平图标时，被试的专注力表现比点击拟物化图标时更好[13]。然而，其他研究却发现，在扁平图标模式下搜索与更高的认知负荷相关，而扁平图标的搜索时间几乎是拟物图标的2倍[14]。因为人脑对连接界面与现实世界的视觉线索极为敏感，而扁平的设计忽视了人脑的三维本质。Backhaus等人创建了两种风格的智能手机操作界面（扁平和拟物），对年轻人和老年人进行了一项比较研究。结果表明，老年人因为拟物化设计的可理解性而更喜欢拟物化设计，而年轻人则更喜欢平面化设计[15]。同样，Cho等人也发现老年人更喜欢拟物化设计，他们对拟物化设计表现出更高的满意度，而年轻人则更喜欢平面的设计[16]。这些研究都表明，不同年龄的用户在使用不同的图标风格时表现不同。Wu等人比较了认知正常老年人和轻度认知障碍老年人在视觉搜索任务中处理不同类型的图形图标的差异，包括扁平图标、平面图标加文本、拟物化图标和扁平图标加文本[17]。在图标类型方面，所有老年人在搜索图标加文本的组合时表现更好，尤其是拟物化图标加文本的类型。所有老年人在搜索扁平图标时表现都很差。Shen调查了图标密度、颜色对比和亮度差异对用户和用户界面之间交互的影响[18]。研究发现，在一个区域内图标的数量不应超过25个，对于较少的图标，元素间的间距应大于1/2个图标，这样可以方便用户识别。同时他们考察了色度对比和亮度对比对图标感知的影响。在此基础上，提出了较高的颜色对比度可以提高图标识别效率的理论。

4.2.4 图标和文字

在文字和图标的研究中，大量的研究都表明较大的字体和语义明确的图标能提高老年人的用户体验。Kalimullah等人调查了影响老年人用户体验的移动应用程序的用户界面设计元素（文本大小、字体、颜色等），发现便利性是老年人继续使用这些应用程序的主要影响因素[19]。Tang等人研究了字体大小、背景颜色组合和间距等设计元素对生命体征监测界面可读性的影响，发现高对比度的颜色可以提高阅读准确性[20]。Yu等人调查了智能家居交互界面中按钮功能（即按钮大小、图形/文本比例和图标样式）对不同年龄用户表现的影响[21]。结果显示，按钮大小和图文比例都对用户表现有显著影响，而图标风格只在老年组中有影响。该研究还发现，老年人更喜欢20mm大小、文字较大、图标拟物化的按钮，而年轻人则更喜欢15mm大小、文字和图形相同的按钮。

Zhou等人选择了四个典型的老年人社会服务APP，让老年人完成用户登录任务。采用眼动和脑电信号相结合的方法，收集了任务完成时间、注视长度、瞳孔直径变化、脑电图波幅变化、老年人主观感受等客观和主观数据[22]。从而研究界面设计元素对老年人任务表现的影响，包括界面布局、界面颜色、信息密度、图标大小和位置等。研究发现，在界面布局方面，九宫格布局对老年人完成工作有更积极的影响。在界面颜色方面，彩色（对比）颜色应该用来突出界面的基本信息点[22]。在界面信息密度方面，低密度级别的界面设计可以简化和降低老年人执行任务的认知负荷。就图标的大小和位置而言，界面中的第一层图标，界面视觉中心的位置是最适合老年人的界面设计。

4.2.5 按键

在手机按键的设计中，Petrovčič从老年人手机UI设计的角度，总结了关于功能手机文本输入中交互元素的研究结果，认为按键对适老化设计是极其重要的，老年人更喜欢有清晰反馈的大而凸起的按键[23]，而且在表现形式上可以采用视觉（例如，突出显示或加载时沙漏的可见性）、听觉（点击）或触觉的方式。按钮不应该太敏感，以避免意外按下，因为老年人经常发现自己按错了按钮。此外，按键之间应该有足够的空间，键盘应位于界面底部的位置，避免打字时候的手遮住屏幕。从易用性角度来说，易于理解的按键便于老年人使用手机，应该避免在设计中使用滚动按钮，因为这种按钮对老年人来说不够直观、不易理解。

4.2.6 导航和菜单

随着手机功能和服务的扩展，手机菜单和导航也越来越复杂。这对于老年人来说无疑是更大的挑战，他们需要更多的认知资源来解决使用手机的问题，但其认知能力却是随着年龄的增长而下降的。菜单和导航的结构能够对老年人的使用体验产生更深层次的影响，对于提高老年人深度使用数字产品的能力有重要的作用。

当菜单的结构变得更复杂时，老年人会感到压力，他们需要更长的时间来考虑选择什么，所以应该简化和扁平化菜单，避免功能和可用选项的嵌套。老年人的思维模式并不总是分层的，单层菜单导航对他们来说可能更容易理解和记忆。复杂的菜单结构会导致老年人在菜单导航时感到迷失，尤其是在功能手机中，它的屏幕通常不够大，不能提供完整的菜单图像，而是一次只能看到几个图标。同时，菜单命名在老年人的适老化交互设计中扮演着关键角色，他们能在菜单导航搜索中给老年人提供下一步的行为线索。一般来说，图形符号和按钮应该包括标签和文本解释，因为这样更方便老年人理解和记忆。

对于导航和菜单的适老化研究还处于初步阶段，目前对于导航和菜单的适老化研究仍存在很多缺陷，有待于我们做进一步的研究。

4.2.7 手势和隐喻

在基于手势的用户界面中，在特定隐喻概念的手势选择上，年轻人和老年人并没有差异[24]。尽管年轻的用户应该比年长的用户更熟悉这些手势，但研究表明，这两个年龄组对特定的抽象隐喻手势的选择没有差异。这似乎表明，隐喻确实在某些方面和我们对物理世界的体验之间存在着一种关系，可以用来为任何年龄的人创建可用的界面。在老年人智能手机应用程序的设计中，通常结合了平面设计和手势的交互，这对老年人来说可能很难理解和使用。例如，手势的返回键和home键可能会让老年人在使用中产生困惑，老年人需要一个返回键和home键来实现更直接的导航，同时需要较大的文本和图标间距，以避免误触。同时，老年人对手机交互界面上经常使用的滑动交互知之甚少，交互界面设计的某些新方向也特别不适合老年人。采用拟物化的用户界面可能对老年人更为合适，没有接触过平面设计的老年人对拟物化会有更多积极的体验，因为情景的直观性会让界面更容易理解。

界面设计主要是通过人的视觉参与作为人与机器之间沟通和交换信息的通道。因此，在目前的大量研究中，为了帮助改善界面设计中适老化的缺陷，大多数研究人员都通过测量用户的眼球运动来检查用户的视觉交互。眼动数据可以用于监控用户的视觉运动，并利用瞳孔直径、眼轨迹模式和凝视时间等信息来评估用户的专注程度、认知负荷、任务流程和界面布局。我们也将在后面的章节中展开基本眼动的实证研究，为适老化设计提供更加可靠的依据。

4.3 功能手机还是智能手机

智能手机引入了新的硬件和软件解决方案，这些解决方案确实会影响数字产品的可用性，这也让研究者对适老化手机设计领域的一些早期发现产生了疑问，主要的分歧就在智能手机和功能手机之间。比如触摸屏智能手机与适老化相关的重要的交互元素就包括操作反馈、目标物的大小和位置、手势等[23]。使用带有手势交互的触摸屏，可以减少老年人如视力受损、灵活性降低和记忆丧失等造成的可用性问题[25]。此外，它们还可以通过间接输入辅助解决老年人的认知衰退问题，减少多层次菜单带来的方向性障碍[26]。智能手机的屏幕尺寸更大，分辨率更高，触摸屏可以构建尽可能大的虚拟按钮，而功能手机上的按钮都是比较小的。相应地，对于字体大小和可读性的问题、按钮的大小和形状问题，智能手机在界面设计中可以更好地解决这些问题。所以智能手机可能非常适合老年人使用。

与智能手机屏幕有关的另一个问题是屏幕持续调光功能。智能手机传感器可以检测智能手机何时被持有，以便让灯保持常亮，用户可以不间断地执行操作任务。使用触摸屏可以显著改善操作反馈，通过触摸屏设备与听觉和触觉（即振动）信号的多模态反馈，可以提高老年人的操作效率和主观理解。

通过比较我们发现，适老化设计在功能手机上并不能很好地展开，但在智能手机上却可以。例如，由于大多数基于触摸屏的手机只有几个（硬件）按钮，目标物（如图标）的尺寸和在屏幕上的位置可以根据需求进行调整。Leitao等人的研究表明，老年人操作 14 ～ 17.5mm 大小的按钮时效率最高，其中较大的按钮比较小的按钮反应时间更短[27]。此外，当按钮之间的间距变宽时，以及当按钮位于中心点的右上角时，老年人的指向操作效率增强[28]。

虽然触摸屏非常适合直接操作，但即使是一个非常简单的手势（如点击、按压或滑动）也会给老年人带来困难，因为他们对点击屏幕缺乏控制力。他们无法识别何时按下一个按钮或目标，这通常会导致长时间的点击和按错按钮。同样，由于老年人在敲击和执行特定任务时操作缓慢，他们在使用虚拟键盘时也会遇到文本输入问题。除了控制按下的键，虚拟键盘要求按键和响应之间具有良好的运动和视觉同步[29]。但是，老年人通常需要额外的时间来理解触摸屏操作所需的动作，并区分轻触、双击、拖拽、轻弹、触摸或多点触摸。此外，老年人经常感到困惑，无法区分屏幕的哪些部分可以点击，哪些部分不能点击。对于初次使用手机的老年人来说，功能手机显然更容易上手使用，因为它确实更加直白。但是进入到深度使用阶段，功能手机的使用者却举步维艰，智能手机的优势又会凸显出来。

有些可用性方面的设计，过去对功能手机很重要，现在对智能手机也很重要，但方式不同。比如界面的简化设计，更容易让老年人理解。但是随着智能软件和服务的升级，智能手机已经变得越来越复杂，功能也越来越多，智能手机菜单的复杂性将持续存在，甚至增加。尽管屏幕尺寸更大，但老年人在多任务处理过程中很难在多个开始屏幕之间切换、打开应用程序和关闭应用程序。所以智能手机界面的适老化设计仍旧任重道远，必须随着智能设备的升级不断改进适老化设计的方法，形成统一有效的迭代机制，最终形成可持续的适老化设计机制。

参考文献

[1] AWAN M, ALI S, ALI M, et al. Usability Barriers for Elderly Users in Smartphone App Usage: An Analytical Hierarchical Process-Based Prioritization[J]. Scientific Programming, 2021: 2021.

[2] DONG L, SATPUTE M N, SHAN J, et al. Computation offloading for mobile-edge computing with multi-user; proceedings of the 2019 IEEE 39th international conference on distributed computing systems (ICDCS), F, 2019 [C]. Dallas: IEEE, 2019.

[3] GARCIA-PENALVO F J, CONDE M A, MATELLAN-OLIVERA V. Mobile Apps for Older Users - The Development of a Mobile Apps Repository for Older People; proceedings of the 1st International Conference on Learning and Collaboration Technologies (LCT), Heraklion, GREECE,

F Jun 22-27, 2014 [C]. Berlin: Springer-Verlag, 2014.

[4] Kong Q , Guo Q .Comprehensive Evaluation Method of Interface Elements Layout Aesthetics Based on Improved AHP[C]//International Conference on Ergonomics in Design; International Conference on Applied Human Factors and Ergonomics.2019.

[5] XIAO L, MAO H, WANG S. Research on mobile marketing recommendation method incorporating layout aesthetic preference for sustainable m-commerce [J]. Sustainability, 2020, 12(6): 2496.

[6] GAO R Z, NI M N, CHEN S. The Analytical Study of Large Shopping Website Interface Layout Rationality Based on Eye Tracker [J]. Applied Mechanics and Materials, 2014, 513(517): 1649-1652.

[7] LI Q, LUXIMON Y. Older adults' use of mobile device: usability challenges while navigating various interfaces [J]. Behaviour & Information Technology, 2020, 39(8): 837-861.

[8] WU Z , LI Z , LI X ,et al. Research on Aging Design of News APP Interface Layout Based on Perceptual Features[C]//International Conference on Human-Computer Interaction. Springer, Cham, 2021.

[9] SU X Y, LI M, LU S F, et al. An Eye Tracking Study on Visual Search and Browse Strategies of Elderly People on Web Pages [J]. Applied Mechanics and Materials, 2014, 556-562: 6154-6158.

[10] ZHANG M, HOU G, CHEN Y-C. Effects of interface layout design on mobile learning efficiency: a comparison of interface layouts for mobile learning platform [J]. Library High Technology, 2022.

[11] ZHANG Z Z, LI Y J. Optimization Research in Colour Semantics of Smart Phone Interface Icons for the Elderly; proceedings of the 3rd International Conference on Material Engineering and Application (ICMEA), Shanghai, PEOPLES R CHINA, F Nov 12-13, 2016 [C]. Atlantis Press.

[12] WU T Y, ZHAO Y Q, LI Y J. An Experimental Study on Intelligent Kitchen Appliances' Interface Information Preference Based on Visual Characteristics of the Elderly; proceedings of the Human Aspects of IT for the Aged Population Applications in Health, Assistance, and Entertainment, Cham, F 2018//, 2018 [C]. Springer International Publishing.

[13] XI T, WU X. The influence of different style of icons on users' visual search in touch screen interface; proceedings of the International Conference on Applied Human Factors and Ergonomics, F, 2017 [C]. Springer.

[14] BURMISTROV I, ZLOKAZOVA T, IZMALKOVA A, et al. Flat Design vs Traditional Design: Comparative Experimental Study; proceedings of the Human-Computer Interaction – INTERACT 2015, Cham, F 2015//, 2015 [C]. Springer International Publishing.

[15] BACKHAUS N, TRAPP A K, TH RING M. Skeuomorph Versus Flat Design: User Experience and Age-Related Preferences; proceedings of the Design, User Experience, and Usability: Designing Interactions, Cham, F 2018//, 2018 [C]. Springer International Publishing.

[16] CHO M, KWON S, NA N, et al. The elders preference for skeuomorphism as app icon style[C]// Proceedings of the 33rd Annual ACM Conference Extended Abstracts on Human Factors in Computing Systems. ACM, 2015.

[17] WU J, JIAO D, LU C, et al. How Do Older Adults Process Icons in Visual Search Tasks? The Combined Effects of Icon Type and Cognitive Aging [J]. International Journal of Environmental Research and Public Health, 2022, 19(8): 4525.

[18] SHEN Z, XUE C, LI J, et al. Effect of Icon Density and Color Contrast on Users' Visual Perception in Human Computer Interaction[C]//International Conference on Engineering Psychology and Cognitive Ergonomics. Springer, Cham, 2015.

[19] KALIMULLAH K, SUSHMITHA D. Influence of design elements in mobile applications on user experience of elderly people [J]. Procedia computer science, 2017, 113: 352-359.

[20] TANG X T, YAO J, HU H F. Visual search experiment on text characteristics of vital signs monitor interface [J]. Displays, 2020, 62: 101944.

[21] YU N, OUYANG Z, WANG H, et al. The Effects of Smart Home Interface Touch Button Design Features on Performance among Young and Senior Users [J]. International Journal of Environmental Research and Public Health, 2022, 19(4): 2391.

[22] ZHOU C, YUAN F, HUANG T, et al. The Impact of Interface Design Element Features on Task Performance in Older Adults: Evidence from Eye-Tracking and EEG Signals [J]. International Journal of Environmental Research and Public Health, 2022, 19(15): 9251.

[23] PETROVČIČ A, TAIPALE S, ROGELJ A, et al. Design of Mobile Phones for Older Adults: An Empirical Analysis of Design Guidelines and Checklists for Feature Phones and Smartphones [J]. International Journal of Human–Computer Interaction, 2018, 34(3): 251-264.

[24] HURTIENNE J, ST EL C, STURM C, et al. Physical gestures for abstract concepts: Inclusive design with primary metaphors [J]. Interacting with Computers, 2010, 22(6): 475-484.

[25] KOBAYASHI M, HIYAMA A, MIURA T, et al. Elderly user evaluation of mobile touchscreen interactions; proceedings of the IFIP conference on human-computer interaction, F, 2011 [C]. Springer.

[26] ZHOU J, RAU P-L P, SALVENDY G. Older Adults' Text Entry on Smartphones and Tablets: Investigating Effects of Display Size and Input Method on Acceptance and Performance [J].

International Journal of Human–Computer Interaction, 2014, 30(9): 727-739.

[27] LEITAO R, SILVA P A. Target and Spacing Sizes for Smartphone User Interfaces for Older Adults: Design Patterns Based on an Evaluation with Users[C]//Pattern Languages of Programs. The Hillside Group, 2012.

[28] HWANGBO H, YOON S H, JIN B S, et al. A study of pointing performance of elderly users on smartphones [J]. International Journal of Human-Computer Interaction, 2013, 29(9): 604-618.

[29] ZHOU J, RAU P-L P, SALVENDY G. Use and Design of Handheld Computers for Older Adults: A Review and Appraisal [J]. International Journal of Human–Computer Interaction, 2012, 28(12): 799-826.

第5章
基于图文元素的
适老化交互设计研究

　　图形和文字是交互界面设计中的主要创意性元素。数字化使得图形和文字的创意手法变得更加丰富多彩，设计人员通过图形处理软件可以任意变换图形的色彩、样式和线条，文字的字号大小和风格样式的变化也在转瞬间完成。丰富多样的图文设计，使得交互界面变得生动有趣、美观大方，同时也能提高交互产品的易用性和可用性。对于老龄用户来说，交互界面中的图形和文字也是帮助他们提高用户体验的重要设计元素。不同于大尺寸的数字产品，移动数字产品由于其交互界面尺寸较小的特点，其页面中的信息承载量是非常有限的。因此，如何处理图形和文字的关系，什么样式的图形更加便于老龄用户识别，多大字号的文字才能方便老龄用户识别和阅读……这些都是移动数字交互界面中亟待解决的问题。本研究将图文元素作为主要的研究对象，深度挖掘其影响老年人使用智能手机的可用性和易用性因素，为适老化设计实践提供可靠的依据。

5.1　图形元素

　　移动交互界面中的图形元素主要包括图片和图标两种形式。图片包括实物摄影图片和设计创意图片两种类型，图片可以增加界面的视觉效果，提高用户对于内容的理解和记忆。图标是交互界面设计中重要的符号化元素，具有明确的指代含义和重要的导向作用。移动数字产品的界面设计中，图标是重要的信息元素。

它能帮助人们理解界面，提高用户的操作效率。老龄用户对于图形的认知，往往和年轻用户存在着一些差异，这就导致了老龄用户在交互界面的操作中，产生了无法理解图片、无法识别图标含义和看不清楚图标等交互障碍。

以图标为例，从认知的角度来讲，图标的熟悉度、视觉复杂性、具体性是图标的重要特征，了解这些特性能够帮助我们更好地为老年人设计。

5.1.1　图标的具体性和复杂性

具体性来源于心理语言学，心理语言学家将人们用"文字"描述人、地点或物的程度定义为"具体性"[1]，我们在图标研究中也可以采用同样的方法。图标一般描述了人们在现实世界中已经熟悉的东西，这种描述是否贴切，是否能够较合理地展现现实世界的样貌，是提升数字产品交互界面用户体验的一个关键因素。只有设计合理的图标，用户才能够利用自己先前的经验来理解和使用数字产品。每个图标都有对应的含义和功能，也就是视觉隐喻。用户根据图标的视觉表现来建立其和现实世界中事物的联系，并且推断出图标的功能。对于用户来说，这些都是他们所熟悉的事物，能够快速地知晓其使用方法和用途。图标的视觉隐喻功能已经广泛应用于计算机系统中，并且逐渐成为界面设计师提升用户体验的"利器"，帮助用户快速、容易地操作数字产品。

在之前关于具体性和视觉隐喻效应的研究中，具体性并没有直接影响图标的视觉隐喻效果。因为研究人员使用的图标有一定的片面性，通常来说抽象图标比较简单，而具体图标比较复杂。当研究人员使用了具体性图标（也是复杂的）来进行实验的时候，就无法判断是具体性还是复杂性在起作用了，因为这两个特点叠加在一起了[2]。之所以出现这种情况，是因为研究人员通过描述现实世界中的物品来设计具体的图标，而抽象图标通常是由简单的形状组成的，是无法对应现实世界中的物品的。所以用抽象图标来进行测试，就无法测出图标的视觉隐喻效应，但是用具体性的图标来测试又会受到复杂性的干扰。

有一部分学者主张通过"具体性"测量来评价具体性和视觉隐喻功效之间的关系。García等人甚至开发了一种"具体性指标"，通过计算每个图标中的线条、弧线、字母等，有效地衡量图标的复杂性[3]。他们的研究进一步支持了一个假设，即一个图标要具体，就需要更复杂，因为需要更多的细节。这与McDougall等人的研究结果形成鲜明对比，他们发现，主观性评分者将具象性和复杂性视为独立的图标特征[2]。这两种观点提出了相互矛盾的主张：第一种观点认为视觉隐喻依赖于细节（即复杂性），另一种观点认为不存在这种关系。在后续研究中，

McDougall等人发现，图标的具体性主要影响人们对于图标含义的初步理解，而复杂性的影响则持续较长时间并与搜索效能有关[4]。

比较分析这两种观点，不难发现，图标的具体性和复杂性对于视觉隐喻的影响是肯定存在的，究竟是共同作用还是分开作用，显然与实验设置有很大的关系，其中就包括了实验材料——图标的选择和图标分类的标准。因此，在相关研究中，规定图标的选择和分类标准尤为重要，可以避免不相关因素对实验结果造成影响。

5.1.2 图标的熟悉度

熟悉度是我们对一个事物熟悉的程度，熟悉度可以让我们降低对于新生事物的恐惧，并且产生较为愉悦的心情。我们可以将熟悉度比作一道温暖的阳光，它能够照亮人们的内心。比如，老年人在科技产品的使用中，如果有一些他们熟悉的图标，他们就会消除一些抵触情绪，更加快速地接受和学习相关知识。图标的熟悉程度决定了识别图标和物体的速度和准确性，与其他图标特征相比，它似乎是图标识别难易程度的最重要决定因素。例如，图5-1的图标是代表"女性"的抽象图标，图5-2是代表"快速处理"的兔子图标，因为我们对女性图标更为熟悉，所以我们能够更快、更有效地识别它。在图标识别的测评中，熟悉度一直都是一个重要的测评指标，而且熟悉的图标能够对人的长期记忆产生积极影响，能够让人们产生短期记忆的同时，产生一定的长期记忆。每一个图标都有对应的功能，在交互界面设计中，用户对图标对应的功能越熟悉，他们处理图标信息的就会更加容易和高效。

因此在交互界面设计中，设计师使用熟悉度的图标来进行设计，能够提高用户的视觉搜索效率和操作效率。对于老龄用户来说，这种设计显得尤为重要，因为老年人对于新知识的学习能力本来就较弱，采用他们熟悉的事物来作图标，或者采用他们已经熟悉的标识来作图标，能提高他们学习使用科技产品的动力和信心，消除对于科技的恐惧，跨越数字鸿沟。

图5-1 女性图标　　　　图5-2 快速处理图标

5.2 文字元素

随着智能手机的普及，文字的载体已经从传统的纸质媒体逐渐过渡到数字媒体。有越来越多的智能手机用户花费大量时间在智能手机界面上阅读文本。他们阅读即时消息、电子邮件和电子书，或者浏览选项菜单项、软键标签和网站图标。这些文本和字符的可读性和易读性会影响用户的阅读表现和他们对智能手机的满意度。复杂的设计布局会很快导致用户疲劳，并导致阅读或搜索速度降低。因此，文字的可读性和易读性是交互界面设计中的一个重要因素。

以往对文字的研究，主要集中在计算机显示器上。然而，在移动智能设备上阅读与在台式电脑上阅读是完全不同的。移动设备的显示器比电脑小得多，这使得大字体不适合移动设备；移动智能设备的任务操作也不一样，一些手势和文字识别任务也很不同；移动智能设备中对于图文展示的布局也很不一样。通过以往的研究和交互设计实践发现，字体大小、文字样式、任务类型和页面布局等都是影响文字可读性和易读性的重要因素。

文字对于大多数有教育经历的老龄用户来说并不陌生，交互界面中文字的使用，可以避免图形语义的错误理解，提高操作效率。但是过多文字样式的使用，会造成老龄用户视觉识别的困难。考虑到老年人视力退化的因素，文字大小不合适，又会造成老龄用户对于文字识别的困难，过小的字体导致老年人根本看不到文字，过大的文字又会使得页面布局过于松散，使得用户频繁地翻页，阅读效率和舒适度也会降低。因此，通过研究找到在移动交互界面中适合老龄用户阅读的字体大小和字体样式，是解决老年人交互障碍的途径之一。

5.3 眼动研究和适老化交互设计

在交互界面中，图文、色彩和线框等是在显示器或屏幕上进行展示的元素。这种平面化的特性，方便研究者采用眼动追踪技术来进行用户认知行为的观察。设计研究之前很少采用仪器设备来进行较为客观的量化研究，以问卷调查和访谈为主，所得到的数据也不够客观。眼动追踪技术的介入，可以提高设计研究的信度和效度，得到更为有效的研究结果，为设计实践做出科学的指导。眼动研究作为一种有上百年历史的研究方法，有丰富的理论基础和实证研究范例，给设计学研究者提供了深入且广泛的交叉学科研究基础。

5.3.1 眼动研究

眼球追踪技术通过测量一个人的眼球运动来进行科学研究，研究人员可以在任何给定的时间里知道一个人在看什么，以及他的眼睛从一个地方转移到另一个地方的顺序。跟踪人们的眼球运动可以帮助HCI（Human-Computer Interaction）研究人员理解基于视觉和显示的信息处理，以及可能影响系统界面可用性的因素。这样眼动记录可以提供一个客观的交互界面评估数据来源，可以为改进交互界面设计提供参考依据。眼球运动也可以被捕获并用作控制信号，使人们能够直接与界面进行交互，而不需要鼠标或键盘输入，这对某些特殊用户群体来说是一件幸事。由于该研究主要采用了眼动测量来进行实证研究，所以接下来我们将对眼动研究做详细介绍。

大多数现代眼球跟踪系统通过跟踪眼睛观测视频或图像的过程，来确定一个人在看什么（也就是所谓的"注视点"）[5]。大多数商业眼球跟踪系统通过"角膜反射或瞳孔中心"的方法来测量注视点。这类追踪器通常包括一台标准的台式电脑，在显示器下方（或旁边）安装一个红外摄像头，用图像处理软件定位和识别正在追踪的眼睛的特征。在操作中，红外摄像机中嵌入的LED发出的红外线首先射入眼睛，在目标眼睛的特征处产生强烈反射，使其更容易被跟踪（红外线用来避免可见光对用户过于刺眼）。光线进入视网膜，大部分被反射回来，使瞳孔看起来像一个明亮的、轮廓清晰的圆盘（被称为"明亮瞳孔"效应）[5]。角膜反射也是由红外线产生的，表现为一个小但锐利的闪光。

一旦图像处理软件确定了瞳孔的中心和角膜反射的位置，就可以测量它们之间的矢量关系，通过进一步的三角计算，就可以找到注视点。基于视频的眼球追踪器需要通过"校准"过程，对每个人眼球运动的特殊性进行微调。这种校准是通过在屏幕上显示一个点来实现的，如果眼睛停留的时间超过了一定的阈值时间，并且停留在一定的区域内，系统就会记录瞳孔中心或角膜反射的关系，并将其对应于屏幕上特定的x轴、y轴坐标。这种校准会在9～13点的网格上重复，以获得整个屏幕的精确校准。

眼球运动记录可以显示人的注意力在视觉搜索中的动态过程，测量眼球运动的其他指标，如注视（眼睛相对静止，接收"编码"信息的时刻），也指在注视点上对物体的处理量。在实际评估中，我们可以从眼动记录中做出相关推断，比如在显示器或界面的某些部分上定义"感兴趣的区域"，并分析在这些区域内的眼动，这也是常用的一种研究方法。通过这种方式，可以客观地评估特定界面元素的可见性、意义和位置，得出的结果可以用于改进界面设计。例如，在一个任务场景中，被试被要求搜索一个图标。如果被试在最终选择之前，存在超过预期的长时间的注视，就表明这个图标的设计缺乏意义或者表意不明确，就可能需要重新设计该图标。

主流心理学较早就受益于眼动研究，因为眼动研究可以给研究者在解决关键问题、推理和搜索策略中提供有效的洞察力，眼动为人们了解认知行为提供了一扇窗口。在人机交互和相关学科（如人因和人机工学）中，眼动分析作为可用性研究工具已经有了更加广泛的应用。尽管眼动分析在人机交互和可用性研究中仍处于初级阶段，但涉及的研究问题已经越来越多。比如交互界面菜单上的信息搜索策略和效率研究，网页中特定设计元素的可用性研究，用户视觉注意和界面设计布局之间的关系，导航栏的设计和视觉搜索效率之间的关系等。

此外，眼动研究还运用于评估飞机驾驶舱设计、医生在医疗程序中的表现。在商业领域，眼动研究也受到了市场研究者的广泛关注，例如，确定什么广告设计元素吸引了最大的注意力，互联网用户是否在网站上看横幅广告等。

5.3.2　眼动指标

在眼动研究中使用的主要测量指标是注视（Fixation）和扫视（Saccades，在注视之间发生的快速眼球运动）。还有许多源自这些基本度量指标的派生指标，包括凝视（Gaze，也称为注视集）和扫描路径（Scanpath）。其他指标还包括瞳孔大小（Pupil Size）和眨眼频率（Blink Rate）。

（1）注视

根据任务环境的不同，注视会有不同的释义。在编码任务中（例如浏览网页），在特定区域内如果有较高注视频率，可能表明被试对目标物比较感兴趣，但是对于新闻报道中的照片，这可能是目标物在某种程度上太复杂、更难编码的迹象[5]。然而，在搜索任务中，这些解释可能相反：注视点的个数越多，或凝视（Gaze）越多，往往意味着被试在识别目标物时存在较大的不确定性。注视时间（Fixation Duration）也与被注视物体的加工时间有关，而且研究普遍认为，长注视与外部特征有关。表5-1是与注视有关的一些眼动指标的具体解释[5]。

表5-1　眼动指标及测量值的含义

眼动指标	测量值含义
注视潜伏期 Time to First Fixation	从测量开始，被试过多久产生了首次注视。第一次注视一个物体或区域的时间越快，就意味着它有更好的吸引注意力的特性

眼动指标	测量值含义
首次注视时间 First Fixation Duration	被试首次注视的持续时间，表明首次的兴趣拉动力或加工难易度
在AOI内的注视时间 Fixation Duration	更长的注视时间表明提取信息较困难，或者意味着被试在某种程度上更专注
注视次数 Fixation Count	在某个兴趣区（AOI）内的注视次数，表明兴趣拉动力强弱或加工难易度
注视点个数 Number of Fixation	在某个兴趣区（AOI）内的注视点个数，表明它有更好的吸引注意力的特性
兴趣区 AOI，Area of Interest	为了方便测量，研究人员在显示器或界面中的某些部分上定义"兴趣区"，只分析这些区域内的眼球运动。方便研究者统计AOI内的相关眼动指标的数值

（2）扫视

扫视过程中没有编码过程。所以在交互界面中，扫视指标和目标物的复杂性或显著性无关。然而，回溯扫视（Regressive Saccades，即回溯眼球运动）可以作为编码过程中信息处理难度的度量。虽然大多数回溯扫视的时间非常短，比如只是在阅读任务中向后跳两到三个字母，但更长时间的回溯扫视（比如短语长度），可能代表被试在更高层次的文本信息处理中的产生了混淆。回溯扫视也可以作为目标物可识别性的衡量标准，因为回溯扫视的个数和短语的显著性特征有着相反的关系。

（3）扫描路径

扫描路径表示一个完整的"扫视-注视-扫视"的路径顺序。在搜索任务中，最优扫描路径是指向目标物的一条直线，在目标处的注视时间相对较短[5]。与扫描路径有关的眼动指标包括扫描路径时间、扫描路径长度和扫描路径方向等。

（4）眨眼频率和瞳孔大小

眨眼频率和瞳孔大小可作为研究认知负荷的指标。较低的眨眼频率表明较高的工作负荷，而较高的眨眼频率可能表明被试比较疲劳。更大的瞳孔值可能意味着更高的认知负荷。然而，瞳孔大小和眨眼频率也受到其他因素的影响，例如实验数据很容易受到环境光的影响。因此，瞳孔大小和眨眼频率在眼动研究中不太常用。

5.3.3　基于眼动的交互设计研究

视觉作为一种生理测量手段，能够快速接收到很多产品信息。眼睛不会说谎，如果你想知道人们在关注什么，跟随他们的目光是最好的手段。人们对产品的大部分感受都是通过视觉感知的。视觉是产品购买体验中最重要的感知。眼动研究已经被广泛应用于网页设计、广告、品牌设计等领域，越来越多的设计研究中都采用了眼动跟踪方法。Ares通过分析消费者将注意力集中在食品标签上时的眼球运动（首次注视时间、注视百分比、注视总时间、注视次数和每个感兴趣区域的访问次数），评估了消费者如何从食品标签中获取信息[6]。他们发现了消费者对食品标签的信息处理倾向，这有助于设计师通过设计来抓住消费者的注意力。Ho通过一项无任务要求的眼动实验，调查了人们在网上如何感知手袋的情况[7]。参与者被要求观看随机展示的手袋图片，这些手袋有预先设定好的兴趣区。这个研究结果为消费者在线浏览产品时的视觉行为提供了眼动证据。Ho等人发现，通过测量瞳孔大小可以对产品设计进行情感评价[8]。研究发现阳性和中性的产品比阴性产品促使瞳孔扩张更显著。虽然目前研究者对产品的视觉感知进行了大量研究，但在信息感知方面仍有待深入探索，如以目标为导向的用户体验、不同产品之间的比较研究等。用户体验具有高度的动态性，产品特性和内在状态不同，在生理上表现出来的感知和反应也会受到影响。

在视觉注意研究理论中，一般将影响用户视觉注意的因素分为自下而上和自上而下的过程。自上而下注意是指由人们当前的目标或任务所引导、分配给某一对象的自发性注意，而由视觉显著性刺激（如颜色、对比）引起的注意则是自下而上注意[9, 10]。用户更容易首先看到视觉上更突出的刺激物，并且看的时间也会更久。一般来说，当产品暴露在用户面前时，用户无法获得产品的全部信息，而只能在短时间内得到一个整体的印象。由于感知能力有限，暴露的信息巨大，用户会提取自己较为关心的信息，并将视觉注意力集中在产品的选择性特征和具有目标导向的特征上[11]。这一理论对于研究用户在浏览设计作品时的视觉行为有一定的指导意义。

近年来，基于交互界面设计中的情感和认知研究也深受关注。眼球运动可以反映视觉搜索的模式，对揭示认知加工机制具有重要意义，因此眼球追踪被广泛应用于人机交互研究中。使用眼球追踪来检查网站设计有以下优点：首先，眼球追踪消除了自我报告数据的主观性；其次，眼球追踪可以让我们在不影响刺激物的情况下，跟踪用户对网页元素的反应，并可以显示页面的哪些部分最吸引参与者的注意力。

目前基于眼动的交互设计研究主要有以下几个方面。第一，页面设计元素的研究。比如不同的网页呈现类型（矩阵和列表）对认知负荷和消费者决策的影响，不同导航设计（垂直菜单和动态菜单）对用户性能的影响等。第二，用户的注视行为。比如使用眼动追踪器收集用户的注视数据，研究不同人群的浏览习惯和视觉搜索习惯，或者用户在浏览网页时候的浏览路径习惯。第三，跨文化研究。比较不同区域或国家的网页设计研究，并利用眼球追踪设备记录不同的注视和浏览模式，研究其中的认知风格差异[12]。

在交互设计中，寻求最佳的设计布局一直是设计师的使命。眼球追踪研究可以帮助我们揭示出最优设计的指导方针。尼尔森·诺曼研究小组对于搜索页面的扫描行为有了新的发现。他们指出在聚集扫描行为中眼动热图具有明显的"F"模式（图5-3）[13]。从营销的角度来说，这种扫描模式的含义是，观众倾向于看搜索结果的左上角部分，而忽略右边栏中的赞助商链接。但是赞助商的链接是否应该移到左上角是一个悬而未决的问题。如果移动赞助商链接，它们的位置可能会阻碍用户现在已经习惯的典型视觉搜索模式，从而破坏搜索效率。而在网页浏览中，很多用户有不看横幅广告的行为，这可能也是用户的无心之举。网页访问者可能具有忽视横幅广告的倾向，即使横幅广告可能包含用户正在寻找的信息[13]。

眼球追踪技术在交互设计中的应用越来越流行。将眼球追踪与传统的问卷调查方法相结合，可以更好地了解用户的认知过程、浏览偏好，以及对界面的使用兴趣，这些都是设计师优化交互界面设计以满足用户需求的重要因素。

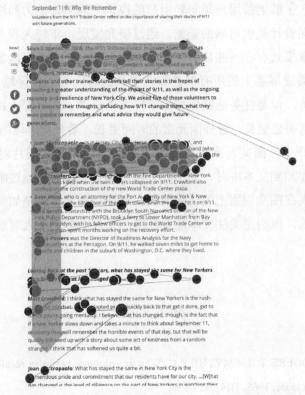

图5-3　尼尔森·诺曼研究小组提出的"F"视觉浏览模式

5.3.4 基于眼动的适老化交互设计研究

眼动研究近年来也被广泛应用于适老化研究中。通过比较年轻人和老年人的眼动数据，可以深入了解老龄用户的认知特点，以及老龄用户和年轻用户的认知行为区别，对设计师的设计决策具有深远的指导意义。

伴随着中国数字化改革和老龄社会的到来，目前中国的老龄移动互联网用户群体急剧增长，虽然互联网可以帮助老年用户获得一些便利（例如社交、教育和不受身体限制的服务获取），但衰老带来的认知、视觉和运动能力下降，老年人就不能像年轻人一样轻松地浏览互联网。眼动研究发现，与年轻人相比，老年人在定位新信息、从显示器或屏幕上阅读文本、寻找链接、忽略分散注意力的信息和注视图像等方面遇到了更大的困难。老年人在进行导航信息搜索时，比年轻用户更缺乏自信，反应更慢，更容易迷失方向。此外，不同的导航布局也会影响老年用户在线搜索行为（即扫视、注视）、性能（即效率、准确性）和态度（即网站满意度），和年轻人相比也存在着认知行为差异。

老年人的视觉衰退还会使得老年人忽视显示在边缘的导航信息。眼动技术的介入，可以深入了解老龄用户和年轻用户的视觉空间感知能力和注意力差异，为适老化交互界面设计提供可靠的证据。通过研究发现，年轻人和老年人在搜索导航信息时，搜索模式存在一些显著差异。老年人花在浏览页面内容上的时间明显更多（例如，阅读屏幕上的所有信息和花更长的时间看导航区域），花更长的时间完成在线任务，但是任务准确性却比年轻人更低[14]。与年轻人相比，老年人看屏幕中央的时间明显更长，看外围元素的时间更长，看外围区域的频率更低。

在界面设计中，图文元素对于老年人也很重要。因为图片对于回忆有预测性，当插图被添加到文本中时，老年人会回忆起更多信息。通过眼动研究，可以深入探查老年人在图文识别上的认知情况，能够识别老年人是如何关注信息（即文本或插图）的，他们更关注文本还是插图，并且了解老年人对这些新技术的记忆过程和效果。

参考文献

[1] PAIVIO A, ROGERS T B, SMYTHE P C. Why are pictures easier to recall than words? [J]. Psychonomic Science, 1968, 11(4): 137-138.

[2] MCDOUGALL S J, DE BRUIJN O, CURRY M B. Exploring the effects of icon characteristics on user performance: the role of icon concreteness, complexity, and distinctiveness [J]. Journal of Experimental Psychology Applied, 2000, 6(4): 291-306.

[3] GARCÍA M, BADRE A N, STASKO J T. Development and validation of icons varying in their abstractness [J]. Interacting with Computers, 1994, 6(2): 191-211.

[4] MCDOUGALL S, REPPA I, KULIK J, et al. What makes icons appealing? The role of processing fluency in predicting icon appeal in different task contexts[J]. Applied Ergonomics, 2016, 55: 156-172.

[5] POOLE A, BALL L J. Eye Tracking in Human-Computer Interaction and Usability Research: Current Status and Future [M]. 2005.

[6] ARES G, GIM NEZ A, BRUZZONE F, et al. Consumer visual processing of food labels: results from an eye‐tracking study [J]. Journal of Sensory Studies, 2013, 28(2): 138-153.

[7] HO H F. The effects of controlling visual attention to handbags for women in online shops: Evidence from eye movements [J]. Computers in Human Behavior, 2014, 30: 146-152.

[8] HO C H, LU Y N. Can pupil size be measured to assess design products? [J]. International Journal of Industrial Ergonomics, 2014, 44(3): 436-441.

[9] CORBETTA M, SHULMAN G L. Control of goal-directed and stimulus-driven attention in the brain [J]. Nature Reviews Neuroscience, 2002, 3(3): 201-215.

[10] VAN DER LAAN L N, HOOGE I T C, DE RIDDER D T D, et al. Do you like what you see? The role of first fixation and total fixation duration in consumer choice [J]. Food Quality and Preference, 2015, 39: 46-55.

[11] CLEMENT J, KRISTENSEN T, GR NHAUG K. Understanding consumers' in-store visual perception: The influence of package design features on visual attention [J]. Journal of Retailing and Consumer Services, 2013, 20(2): 234-239.

[12] WANG Q Z, YANG S, LIU M L, et al. An eye-tracking study of website complexity from cognitive load perspective [J]. Decis Support Syst, 2014, 62: 1-10.

[13] PERNICE K. F-Shaped Pattern For Reading Web Content [EB/OL]. [2017-11-12]. https://www.nngroup.com/articles/f-shaped-pattern-reading-web-content.

[14] BERGSTROM J C R, OLMSTED-HAWALA E L, JANS M E. Age-Related Differences in Eye Tracking and Usability Performance: Website Usability for Older Adults [J]. International Journal of Human-Computer Interaction, 2013, 29(8): 541-548.

第6章

基于图文元素的适老化交互设计实证研究实例一

数字信息检索已经成为了老年人数字生活的重要组成部分，数字信息检索体现在生活的方方面面，移动购物、移动支付、线上打车，以及数字图书查询和阅读，都需要进行数字信息检索。尤其在移动图书馆APP使用中，图书信息检索是老年人移动阅读中非常重要的环节。但是目前移动图书馆APP的信息检索设计主要以认知行为能力和视觉能力正常的年轻人为目标用户，在设计开发中极少考虑到老年人群体的困难，比如难以定位新信息、在屏幕上难以阅读文本、不便于寻找链接、分散注意力的信息和难以查看图形和图标等[1]。

导航作为智能手机交互界面中重要的信息元素，能直接影响移动数字图书馆的信息检索效率。不合理的导航设计会导致老龄用户在使用移动数字图书馆的过程中产生信息定位困难和信息迷路等问题，降低操作效率[2, 3]。在移动手机界面导航中，基本上可以分为内容导航和菜单导航两大类[4]。在菜单导航中，图标是主要的信息元素，导航功能是通过图标信息的检索来实现的。所以从图标认知的视角，对影响老龄用户导航信息检索效率的相关因素展开研究，对于提高老年人图书信息的检索效率具有积极意义。

本研究实例从图标认知的视角，基于交互式信息检索和熟悉度理论，针对老龄用户使用移动数字图书馆中的导航任务体验，探索图标在不同尺寸和熟悉度条件下，对老龄用户图书信息检索效率的影响。采用双因素重复测量实验来对实验因素进行控制和测量，同时参照ASQ量表来进行用户视觉舒适度测试[5]。本研究是对现有研究的延伸，有助于我们在设计开发中从根本上提升老龄用户的信息检索效率，同时为移动数字图书馆的迭代升级提供相关理论依据。

6.1 相关研究述评

6.1.1 信息检索交互界面页面研究

在数字信息检索中，人机交互界面是信息检索的主要介质，也是人与信息系统的接口。

先前的研究中，对信息检索交互界面的研究主要集中在搜索引擎结果页面（Search Engine Result Page, SERP）。优化 SERP 的页面布局设计，提高交互页面的可用性和易用性，一直是信息检索领域基于人机交互的重要研究内容。SERP 的研究包括对页面元素的位置、元素样式（如字体和图标的大小、加粗、颜色等）、页面布局形式等[6]。其中元素样式是影响信息检索效果的重要页面因素，页面元素的大小、粗细、颜色等特征不仅影响元素的可读性和易读性，还能对用户的视觉注意分布产生影响[7,8]。

随着移动互联网应用的普及，信息检索页面的研究也逐渐向移动数字界面拓展。比如，Fang 等人对移动端新闻信息的信息密度、图文结构、文字粗细三种界面设计要素进行研究，发现三种要素交互作用显著，并且发现上文下图、低密度、细体组合的视觉搜索效率最佳[9]。Hou[10]发现数字图书信息界面布局能影响老年人信息检索交互绩效，图文信息能延长老年人的信息检索时间，文本信息有助于缩短信息检索时间；老年人偏好有图界面，且偏好右图布局，右图布局更能吸引老年人的注意。在信息检索方面，对比 SERP 的页面优化设计，通过对移动数字界面页面元素的位置、元素样式、页面布局等展开研究，能深入了解用户的信息检索交互行为，提高移动数字交互界面的用户体验。

6.1.2 导航信息检索中的图标检索

导航是移动数字界面中，帮助用户快速检索信息、提高信息检索效率的重要结构。从信息呈现的角度，根据 iOS（2019）和 Android（2019）中对于导航的分类，可以将导航类型分为菜单导航和内容导航[4]。在菜单导航中，其信息呈现的主要元素为图标，用户的主要任务是图标检索[2]。图标是具有明确指代含义的图形符号，具有高度浓缩并快捷传达信息、便于记忆的特性。在移动数字图书馆界面中，图标是重要的信息元素。它能帮助人们理解界面，提高用户的操作效率。从认知的角度来讲，图标的大小、熟悉度、视觉复杂性、具体性是图标的重要特征[11]，这些特征能影响图标在导航任务中的效率。

图标尺寸是图标比较重要的视觉显著性特征，合理的图标尺寸能给老年用户提供良好的用户体验，指引用户顺利完成导航任务。以往对图标尺寸的研究中，有研究者认为太小的图标尺寸设计让老年人几乎看不清楚图像，更不用说理解了。所以研究人员认为图标的尺寸应该较大。有证据表明，较大的图像和图标可以提高老年人信息检索的易读性，并影响网络用户界面的视觉注意和记忆效果[12]。在数字信息检索中，尽管老年人普遍接受较大的图标，但目前对图标大小的研究只提供了最小尺寸的建议。Sun等人建议年轻人使用触摸屏时，最小的舒适图标尺寸应该大于40px×40px[13]。然而，Android和iOS推荐的一般用户的标准图标尺寸是36px×36px，这些都表明为老年人设计的图标尺寸应该更大。Oehl等人建议老年人在触摸屏使用中，用笔交互的最小图标尺寸为5mm×5mm，对于手指输入，必须大大增加尺寸[14]。Lindberg等人研究了图标大小对老年用户认知速度的影响，结果表明，在40cm的可视距离内，最小的图标应该超过32px×32px[15]。Li等人让老年人对三种不同尺寸的智能手机图标进行可用性主观评价，发现尺寸为96px×96px的图标评价值最高，并且与另外两个尺寸差异明显[16]。如今，虽然智能手机屏幕不断增大，但手机界面单页信息的承载空间仍比较有限。在图标尺寸设计上，设计师大都只考虑年轻人信息检索的需求，并且尽可能地压缩图标的尺寸来提高信息展示的最大化。但对于老年用户来说，在数字移动图书馆的导航信息检索中，合理的图标大小对提高体验感尤为重要。

综上所述，尽管以上研究为提高图标在数字移动图书馆中导航页面的信息检索效率提供了一些建议，但是仍有一些不足。

① 以往的研究都集中在传统互联网SERP的研究上，对于移动数字界面信息搜索的研究较少；

② 在图标信息检索中，之前的研究只提供了最小的图标尺寸建议，没有研究较大的图标尺寸和上限；

③ 多数研究中只考虑了年轻人群的需求，对于老年人的研究较少，特别是针对老年人在数字移动图书馆中的信息检索的研究较少。

6.2 相关理论与研究假设

6.2.1 交互式信息检索

交互式信息检索（Interactive Information Retrieval, IIR）是信息检索研究领域中结合认知心理学和人机交互的交叉新兴领域。交互式信息检索强调人与信息检索系统的交互，通过分析用户认知行为，将信息以符合认知的方式组织起来，从而使信息检索过程更加以人为本[17]。在人机交互情境中，用户的信息检索研究包括信息搜索任务、信息检索策略、信息检索交互模型等。和传统的物理信息检索相比，交互式信息检索能从用户心理认知的角度对用户的检索行为、用户体验和人机界面展开研究，是对传统研究的一种补充[18]。近年来，智能手机、平板电脑、智能手表等移动技术的快速发展，改变了用户与信息的交互方式和搜索信息的方式。如何研究用户的信息行为，及其与移动设备信息系统的交互方面成了研究信息检索领域的新挑战。

6.2.2 信息检索和眼动研究

眼球追踪是追踪移动的物体、文字或其他视觉刺激时，对眼球运动的记录和研究，它通常被用作评估和改进信息的视觉呈现。眼球追踪研究涵盖心理学、人体工程学、质量、市场营销和信息技术等领域。信息检索领域的眼球追踪研究中通常涉及软件或网站。眼动研究中常用的眼动指标有注视潜伏时间、首次注视时间、注视时间、注视次数和眼跳等。注视潜伏时间是被试进入测试到第一次注视目标物的反应时间，注视潜伏时间越短说明目标物具有较显著的吸引视觉注意力的特征[19]。注视时间是被试停留在目标物兴趣区（AOI）的时间，注视时间越短说明提取信息较容易，或者目标物体不够吸引人的注意力[19]。

随着眼动技术的在研究中的应用，眼动研究已经成为交互式信息检索研究中的新兴研究方法，利用眼动研究可以更加深入地了解用户在信息检索中的认知过程和用户的满意度，为交互式信息检索研究提供更加客观的研究方法和研究范式。在基于信息检索行为的眼动研究中，通常有三类检索任务：导航任务（Navigational Task）、信息任务（Informational Task）、交易任务（Transactional Task）[20]。在导航任务中，Kim等人利用眼动技术研究了屏幕大小的变化对网络搜索引擎可用性的影响[21]。Kim等人后来对移动搜索引擎结果展开研究，发现在移动设备上使用较长的片段使得用户在信息任务中搜索时间较长，但搜索准确性并不更高[22]。

本研究以移动数字图书馆为场景，通过眼动技术追踪导航任务，研究图标大小和熟悉度对于信息检索效率的影响。

6.2.3 熟悉度

熟悉度是认知心理学中非常成熟的理论，Titchener指出熟悉度就是重复地让个体接触刺激对象，以此增强他们对刺激对象的态度，并降低不确定性[23]。这种重复能促使认知加工，提升认知流畅度，从而使人产生积极感。在图标研究中，熟悉度是图标非常重要的特征，也是影响图标辨识性的重要因素。图形图标在应用程序设计中非常流行，因为它会触发用户的熟悉度来推断含义，尤其是当用户第一次遇到图形图标时[11]。McDougall等人发现图标熟悉度与图标意义的理解和用户的回忆有关[24]。McDougall等人还发现熟悉度和视觉复杂性是提高预测效率的重要因素，也是使图标具有吸引力的重要预测因素[11]。在视觉搜索任务和语义信息回忆任务中，当图标更熟悉时，参与者的表现明显更好。因此，在本研究中，将熟悉度作为自变量，研究它对视觉搜索绩效和舒适度的影响。本研究对提升老年人在数字移动图书馆中图标信息检索的效率具有重要意义。

6.2.4 视觉舒适度

人们浏览手机屏幕的时候，视觉舒适度受到屏幕亮度、分辨率、目标物外部特征的影响。在设计中，不合理的排版设计、颜色、分辨率都会影响视觉舒适度。先前的研究对于视觉舒适度主要集中在光照条件、三维成像领域[25-28]，对于二维设计的视觉舒适度研究较少。对于视觉舒适度的测量，也分为主观测量和客观测量。在本研究中测量采用经典的ASQ量表，该量表由三个问题构成，分别从任务难度、清晰度和视觉舒适感来测量，采用李克特7点量表计分。

根据以上理论，本研究提出如下假设。

假设1：熟悉度可能对老龄用户导航信息检索效率、视觉舒适性具有显著影响。

假设2：图标大小可能对老龄用户导航信息检索效率、视觉舒适性具有显著影响。

假设3：熟悉度和图标大小可能对老龄用户导航信息检索效率、视觉舒适性的影响具有交互作用。

6.3 实验过程与数据获取

6.3.1 预调查

为了对不同的图标进行熟悉度评测，我们招募74位60～70岁的老年人进行了预调查。其中男性36人，女性38人，均拥有1年以上的智能手机使用经验。我们从老年人经常使用的移动数字图书馆中选取了80个图标，采用李克特5点量表来进行测试（1代表非常不熟悉，5代表非常熟悉）。通过预调查，将80个图标分为熟悉组（均值大于3）和不熟悉组（均值小于3）。

6.3.2 实验设计

本实验采用3×2（熟悉度2个水平，图标大小3个水平）的实验设计。Android和iOS指南中将手机图标大小的范围界定为从20px×20px～60px×60px，36px×36px是最常用的图标，而且超过60px×60px就没有再考察。在本次实验中，以iOS和Android中的标准图标大小36px×36px为起点，我们将图标大小设定为36px×36px、72px×72px和108px×108px三个水平。结合不同熟悉度，一共形成了6种条件的测试。每一个条件对应一个页面，呈现相应的视觉搜索任务，每个页面中均衡放置6个图标，这样一共需要36个图标来进行实验。为了平衡视觉吸引力造成的影响[29]，根据Lin的图标分类标准[30]，我们选取了线型图标来作为本次实验材料，并对图标进行了去色处理。所有的图标都为线型、白底、无边框图标。同时根据图标的熟悉度，选取了36个图标作为实验材料，分成两组——18个熟悉图标和18个不熟悉图标（表6-1）。一共36个图标被放置在6个页面中。

表6-1　36个熟悉和不熟悉的图标

熟悉的图标	☺	👍	☰	▤	⌒	↓	☆	💬	☰	⌂
均值	4.52	4.63	4.14	4.02	4.14	4.16	4.05	4.25	4.32	4.52
熟悉的图标	⁞⁞⁞⁞	🛍	🛒	🎤	⌕	◇	⌒	▷		
均值	3.09	3.22	3.72	3.78	3.12	3.52	3.98	3.12		
不熟悉的图标	⊟Q	♔	LV	⊜	☑	⬡	⊞	⊕	☑	☆
均值	1.82	1.25	1.73	2.14	2.45	2.21	1.92	1.94	1.74	1.96
不熟悉的图标	▦	¥	◎	🐾	✂	✉	▤	◉		
均值	1.72	2.19	2.28	2.42	2.19	2.16	2.35	1.96		

6.3.3 实验被试

本次实验招募了30位60周岁以上的老年人来进行测试。排除视力能力和眼动仪捕捉失败导致的数据缺失问题，最终有25位老年人通过了视力测试，进入到正式实验环节。文化程度为初中以上，平均年龄64.34，SD=4.38。其中男性12人，女性13人，矫正视力正常。每一位被试在实验前都认真阅读了实验知情同意书，并签字确认。被试在实验过程中可以佩戴老花眼镜。每一位被试都要完成6个水平的测试。

6.3.4 实验任务

每位被试需完成6个页面的视觉搜索任务。为消除学习效应，每个页面中的图标都不相同。同时为了消除顺序效应，每个页面中图标的排列顺序随机。被试根据任务要求，需要分别在6个页面上找到目标图标，每一个搜索任务开始的时候，搜索目标被单独呈现在一个页面中，被试观察、记住这个目标图标，并且没有时间限制。然后再开始进入到任务页面，开始视觉搜索，当被试找到目标图标时，点击鼠标，任务结束（图6-1）。

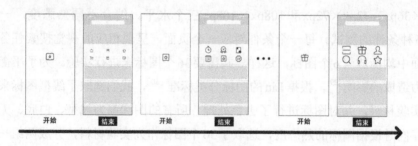

图6-1 实验流程图

被试进入实验室后，由实验员介绍实验要求和内容，并进行适应性练习。被试进入实验后，眼动仪同步采集相应的眼动数据。每位被试测试后需对测试所用的图标进行舒适度评价，完成全部测试需要20～30分钟。实验环境光线统一，实验中模拟了移动数字图书馆的界面。为了避免视觉显著性因素对实验结果的干扰，对其他元素都做了去色和弱化处理（图6-1）。根据iPhone Xs Max的屏幕的物理尺寸制作了模拟界面，屏幕尺寸6.5英寸，分辨率为1242px×2688px，保证其显示大小与手机中的显示大小一致。在一台17英寸的电脑显示屏上展开测试，屏幕分辨率为1280px×1024px，被试和屏幕的距离为50cm。

实验中分别采集了主观数据和客观数据。主观数据包括被试的基本信息和舒适度数据。客观数据包括由眼动仪采集的每项任务的注视潜伏时间、任务时间。由眼动仪Tobii Spectrum来采集，采样率1200Hz。相关数据分析采用IBM SPSS Statistics 19。

6.4 研究结果

6.4.1 行为数据结果

实验完成后，对所有被试的眼动指标、信息检索任务的正确率分别进行统计，结果如表6-2所示。被试的完成时间是指在6种水平上，每种水平的信息检索任务的完成时间。发现熟悉大图标的任务完成时间最短，不熟悉小图标的任务完成时间最长。

表6-2 眼动指标的描述统计结果

测量值	图标/36px		图标/72px		图标/108px	
	不熟悉	熟悉	不熟悉	熟悉	不熟悉	熟悉
	条件1	条件2	条件3	条件4	条件5	条件6
注视潜伏期均值	2.68s	1.90s	2.42s	1.41s	2.04s	1.06s
（标准差）	1.23s	1.53s	1.37s	1.84s	1.22s	0.92s
完成时间均值	4.44s	4.21s	3.75s	4.13s	3.28s	2.70s
（标准差）	1.65s	1.21s	3.71s	0.59s	1.48s	0.55s
准确率	82.60%	91.30%	100%	100%	100%	100%

表6-3 眼动指标的两因素方差分析

源	行为数据	平方和	均方	F	p值
图标大小	注视潜伏时间	12.53	6.56	3.9	0.029*
熟悉度	注视潜伏时间	29.35	29.35	15.98	0.001**
图标大小*熟悉度	注视潜伏时间	0.39	0.20	0.14	0.867
图标大小	任务时间	12.10	8.24	4.54	0.028*
熟悉度	任务时间	58.38	58.37	10.95	0.003**
图标大小*熟悉度	任务时间	0.75	0.63	0.22	0.686

注：*代表$p < 0.05$，**代表$p < 0.01$，***代表$p < 0.001$。

以注视潜伏时间为因变量进行两因素方差分析，由表6-3可知，图标大小的主效应显著（F=3.9，p=0.029），说明图标大小对注视潜伏时间有显著影响。熟悉度的主效应显著（F=15.98，p=0.001），说明熟悉程度对注视潜伏时间有显著影响。熟悉度和图标大小两个因素影响注视潜伏时间的交互作用不显著（F=0.14，$p > 0.05$）。通过成对比较（表6-4）可以看出，图标大小在36px×36px时，注视潜伏时间在不同的熟悉度条件下没有显著的变化。图标在72px×72px和108px×108px时，注视潜伏时间在不同的熟悉度下有显著的变化，而且显著性越来越突出。

表6-4 基于图标大小的注视潜伏时间成对比较

图标大小	熟悉度（J）	熟悉度	平均值差值（I-J）	标准误差	显著性b
图标/（36px×36px）	不熟悉	熟悉	0.775	0.424	0.081
	熟悉	不熟悉	−0.775	0.424	0.081
图标/（72px×72px）	不熟悉	熟悉	1.018*	0.378	0.013*
	熟悉	不熟悉	−1.018*	0.378	0.013*
图标/（108px×108px）	不熟悉	熟悉	0.974*	0.285	0.002**
	熟悉	不熟悉	−0.974*	0.285	0.002**

注：*代表$p < 0.05$，**代表$p < 0.01$，***代表$p < 0.001$。

对被试的任务时间进行两因素方差分析，由表6-3可知，图标大小的主效应显著（F=4.54，p=0.028），说明图标大小程度对导航信息检索的任务时间有显著影响。熟悉度的主效应显著（F=10.95，p=0.003），说明熟悉程度对导航信息检索的任务时间有显著影响。熟悉度和图标大小两个因素影响任务时间的交互作用不显著（F=0.22，$p > 0.05$）。通过成对比较（表6-5）可以看出，图标大小从36px×36px到108px×108px，任务时间在不同的熟悉度下有显著的变化。熟悉条件下的任务时间明显更短。图标越大，熟悉度越高，用的任务时间越少。

表6-5 基于图标大小的任务时间成对比较

图标大小	熟悉度（J）	熟悉度	平均值差值（I-J）	标准误差	显著性b
图标/（36px×36px）	不熟悉	熟悉	1.17*	0.295	0.001**
	熟悉	不熟悉	−1.170*	0.295	0.001**
图标/（72px×72px）	不熟悉	熟悉	1.854*	0.768	0.024*
	熟悉	不熟悉	−1.854*	0.768	0.024*
图标/（108px×108px）	不熟悉	熟悉	1.226*	0.340	0.002**
	熟悉	不熟悉	−1.226*	0.340	0.002**

注：*代表$p < 0.05$，**代表$p < 0.01$，***代表$p < 0.001$。

为了让以上结果清晰明了，绘制了如图6-2所示的折线图。

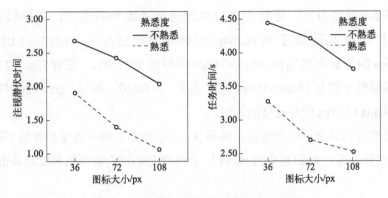

图6-2　眼动指标的两因素方差分析折线图

通过对水平1和水平2的正确率卡方检验结果显示（$\chi^2=0.46,p>0.05$），图标大小对水平1和水平2的正确率主效应不显著，说明水平1和水平2的正确率不随图标大小变化发生显著变化。其他条件下的正确率都是100%，说明熟悉度和图标大小对正确率的影响不显著。

6.4.2　图标舒适度测试

被试在完成测试任务后，需要对实验所用的图标进行舒适度评分。参照ASQ量表[5]制作了舒适度量表，采用李克特7点量表进行打分（1代表非常不舒适，7代表非常舒适）。选择广义估计方程对重复测量的舒适度数据进行分析，结果如表6-6所示。

表6-6　舒适度的广义估计方程重复测量分析

变量		B（回归系数）	OR[95%CI]	p值
阈值	［舒适度=1.00］	−4.575		0.000
	［舒适度=2.00］	−3.842		0.000
	［舒适度=3.00］	−2.716		0.000
	［舒适度=4.00］	−2.193		0.000
	［舒适度=5.00］	−1.176		0.001
	［舒适度=6.00］	−0.190		0.502
	［图标大小1=36px×36px］	−1.098	0.33（0.14~0.78）	0.012*
	［图标大小2=72px×72px］	−0.342	0.71（0.32~1.58）	0.402
	［图标大小3=108px×108px］	0	1	
	［熟悉度=1.00］	−0.813	0.44（0.25~0.78）	0.005**
	［熟悉度=2.00］	0	1	
	（刻度）	1		

注：*代表$p<0.05$，**代表$p<0.01$，***代表$p<0.001$。

从表6-6可以看出，图标大小可以部分显著影响舒适度，图标36px×36px的视觉舒适度显著低于图标108px×108px的舒适度，$p=0.012 < 0.05$。图标36px×36px的舒适度是图标108px×108px的舒适度的33%。图标72px×72px的舒适度不显著低于图标108px×108px的舒适度，$p=0.402$，图标72px×72px的舒适度是图标108px×108px的舒适度的71%。

熟悉度可以显著影响舒适度，熟悉度1（不熟悉）的舒适度显著低于熟悉度2（熟悉）的舒适度，回归系数为-0.813，$p=0.005 < 0.05$，说明熟悉度越高舒适度就越高。

6.5　讨论和分析

在移动数字图书馆中，导航信息的检索是一项复杂的心理活动。以导航图标为研究对象，通过对老龄用户的信息检索效率表现的客观和主观评价，可以从主观和客观两方面来进行量化评估，从而让我们能深入了解导航信息检索过程中影响信息检索效率的因素，为移动数字图书馆界面的适老化设计开发提供建设性的理论依据，提升老龄用户的用户体验。本研究从熟悉度和图标大小两个因素出发，对信息检索效率和舒适度进行了研究。以下将实验结果依次对照研究假设进行讨论。

6.5.1　熟悉度对导航信息检索效率和视觉舒适度的影响

行为数据表明熟悉度在6种条件下对于注视潜伏时间、任务时间均有显著影响（表6-3），但是对于任务正确率的影响不显著（表6-2）。已有的研究表明，熟悉度可以显著提高图标搜索效率[31]。当图标更熟悉时，参与者的表现明显更好[32, 33]。因此，本次实验的结果和已有的研究结果是一致的。同时，本次实验结果表明，在分别以注视潜伏时间、任务时间为因变量的双因素方差分析中，图标大小和熟悉度交互效应均不显著，说明熟悉度只单独作用于注视潜伏时间和任务时间。进一步通过成对比较发现，在同样的图标尺寸下，不同的熟悉度条件下注视潜伏时间有显著的差异，并且这种差异性的显著性随着图标的增大而增大，说明大图标能帮助老龄用户更加快速地进行辨识和判断，提高搜索效率。

舒适度数据分析表明熟悉度对于舒适度的影响显著（$B=-0.813,0,p=0.005 < 0.05$），已有的研究表明，熟悉的感觉能给人带来愉悦感[34]，所以在导航信息

检索任务中，熟悉的图标能给被试带来舒适感。

综上所述，熟悉度对于导航信息检索效率和视觉舒适度的影响显著，对于任务准确率的影响不显著。熟悉度和图标大小对于导航信息检索效率和视觉舒适度影响的交互作用不显著。熟悉度单独作用于导航信息检索效率和视觉舒适度。

6.5.2 图标大小对导航信息检索效率和视觉舒适度的影响

实验结果表明，图标大小对于注视潜伏时间、任务时间均有显著影响（见表6-3），但是对于任务准确率的影响不显著（见表6-2）。已有的研究表明，较大的图像和图标可以提高老年人电子阅读的易读性[12]，并影响网络用户界面的视觉注意和记忆效果。因此，本次实验结果和已有的研究结果一致，并且随着图标的增大，被试的搜索时间越来越短（表6-2）。进一步分析发现，被试在图标108px×108px时的搜索时间要明显小于36px×36px时，说明老年人在大图标的界面中完成搜索任务更高效、更容易。被试在图标大小为36px×36px时，不同熟悉度下的注视潜伏时间差异不显著，说明图标太小，导致老年人不容易对图标的熟悉度进行辨识，但在仔细辨认后，完成任务的时间的差别仍是显著的。因此，36px×36px的图标显然不能满足老龄用户的信息检索效率需求。在以注视潜伏时间和任务时间为因变量时，图标大小和熟悉度的交互作用不显著，说明图标大小单独作用于注视潜伏时间、任务时间。

视觉舒适度受图标大小的影响部分显著（$F=5.331, p=0.011$），并且随着图标的增大，舒适度越来越高（表6-6），但是图标大小和熟悉度对于视觉舒适度的交互作用不显著。

视觉舒适度受图标大小的影响部分显著，图标36px×36px的舒适度显著低于图标108px×108px的舒适度，$p=0.012 < 0.05$。但是，图标72px×72px的舒适度不显著低于图标108px×108px的舒适度，$p=0.402$，说明图标大小超过72px×72px之后，舒适度的改变并不明显。因此，在移动数字图书馆界面设计中，为了考虑界面布局因素，在有限的范围内放入更多的信息，选择72px×72px的图标大小比较合适。

综上所述，图标大小对于导航信息检索效率和视觉舒适度的影响显著，对于正确率的影响不显著。图标大小和熟悉度对于导航信息检索效率、视觉舒适度影响的交互作用不显著。图标大小单独作用于导航信息检索效率和视觉舒适度。

结合上述研究结论，发现熟悉的大图标能显著提高老年人使用移动数字图书馆的导航信息检索效率；图标越小、越不熟悉，越容易造成老年人的信息检索效率降低，并使其产生相应的畏难情绪。针对老年人，对移动数字图书馆界面的导航信息进行布局时，应该采用较大的、熟悉的图标。但是一味地增大图标并没有意义，本次研究中发现，72px×72px（12mm×12mm）大小的图标已经足够满足老龄用户导航信息检索的需求。

6.6 结语

以移动数字图书馆为场景，研究了老龄用户导航信息检索的行为。以导航图标为研究对象，对不同图标大小和熟悉度下完成导航信息检索任务的情况做了实验研究，发现图标大小和熟悉度对于老龄用户的导航信息检索效率和视觉舒适度都有不同程度的影响，实验结果能够为移动数字图书馆的适老化交互设计和用户体验提供理论支持。

图标大小是导航信息检索中引起视觉注意的关键因素，对于老年人来说，较大的图标能够方便老年人进行快速的导航信息检索，并快速做出判断。本研究的实验结果表明，图标大小单独作用于导航信息检索效率和视觉舒适度，影响显著。

本研究的实验结果还表明，熟悉的图标能显著提高老年人的导航信息检索效率和舒适度。因此，从适老化的角度，在移动数字图书馆的交互设计和用户体验中，应该进行图标熟悉度的区分，采用熟悉的图标。对于老年人图标学习后的熟悉度影响没有展开研究，可以在后续研究中继续展开深入。当然导航的类别有很多种，不同类别的导航其界面布局都有所不同，关于其他因素对老龄用户导航信息搜索效率的影响，我们将在后续研究中进一步展开。

参考文献

[1] XIAO Xue. Research Review on Digital Reading of Older Adults at Home and Abroad [J]. Library and Information Service, 2014, 58(8): 139-146.

[2] LI Q C, LUXIMON Y. Older adults' use of mobile device: usability challenges while navigating various interfaces [J]. Behaviour and Information Technology, 2020, 39(8): 837-861.

[3] HOU Guanhua, DONG Hua, LIU Ying, FAN Guangrui. Effects of Navigation and Cognitive Load on Digital Library User Experience: A Case Study of National Digital Library of China [J]. Library

and Information Service, 2018, (13): 45-53.

[4] PUNCHOOJIT L, HONGWARITTORRN N. Usability Studies on Mobile User Interface Design Patterns: A Systematic Literature Review[J].Advances in Human-Computer Interaction, 2017, 2017:1-22.

[5] LEWIS J R. Psychometric evaluation of an after-scenario questionnaire for computer usability studies: the ASQ [J]. SIGCHI Bull, 1991, 23(1): 78-81.

[6] LEWANDOWSKI D, KAMMERER Y. Factors influencing viewing behaviour on search engine results pages: a review of eye-tracking research [J]. Behaviour and Information Technology, 2020(4): 1-31.

[7] DINET J, BASTIEN J M C, KITAJIMA M. What, where and how are young people looking for in a search engine results page? impact of typographical cues and prior domain knowledge [C]. Proceedings of the 22nd Conference on l' Interaction Homme-Machine. Luxembourg, Luxembourg; Association for Computing Machinery. 2016: 105-112.

[8] LORIGO L, HARIDASAN M, BRYNJARSDOTTIR H, et al. Eye tracking and online search: Lessons learned and challenges ahead [J]. Journal of the American Society for Information Science and Technology, 2010, 59(7):1041-1052.

[9] FANG Hao, CHEN Yinchao, ZHAO Ying, LI Xiaohuan, WEI Qiang. The Influencing Mechanism of Infor-mation Design Elements of Mobile News Platform on Visual Search Efficiency [J]. Library and Information Service, 2019(22): 58-67.

[10] Hou Guanhua. Eye Empirical Research on Effect of Information Interface Layout on Digital Book in In-formation Retrieval Interactive Performance for Aged People [J]. Journal of The National Library of China, 2020, 29(05): 21-32.

[11] MCDOUGALL S, REPPA I, KULIK J, et al. What makes icons appealing? The role of processing fluency in predicting icon appeal in different task contexts[J].Applied Ergonomics, 2016, 55:156-172.

[12] HUANG H, YANG M, YANG C, et al. User performance effects with graphical icons and training for elderly novice users: A case study on automatic teller machines [J]. Applied Ergonomics, 2019, 78:62-69.

[13] SUN X, PLOCHER T, QU W. An Empirical Study on the Smallest Comfortable Button/Icon Size on Touch Screen, Berlin, Heidelberg, F, 2017 [C]. Springer Berlin Heidelberg.

[14] OEHL M, SUTTER C. Age-related differences in processing visual device and task characteristics when using technical devices [J]. Applied Ergonomics, 2016, 48:214-223.

[15] LINDBERG T, N S NEN R, M LLER K. How age affects the speed of perception of computer icons [J]. Displays, 2016, 27(4-5): 170-177.

[16] LI Y F, JIANG C, ZHU L P. Usability of Mobile Phone Icon Size Based on the Preference of the Elderly [J]. Packaging Engineering, 2016, 037(16): 103-106.

[17] WU D, LIU C X. Eye-Tracking Analysis in Interactive Information Retrieval[J]. Journal of Library Science in China, 2019(2): 20.

[18] LIU P, YE F X, YANG Z W. Research on the Model of Interactive Information Retrieval from the Perspective of Cognitive Construction [J]. Docu-mentation Information & Knowledge, 2020(02）: 93-101.

[19] POOLE A，BALL L J. Eye Tracking in Human-Computer Interaction and Usability Research: Current Status and Future [M]. 2005.

[20] STRZELECKI A. Eye-Tracking Studies of Web Search Engines: A Systematic Literature Review [J]. Information, 2020, 11（6）.

[21] KIM J, THOMAS P, SANKARANARAYANA R, et al. Eye‐tracking analysis of user behavior and performance in web search on large and small screens [J]. Journal of the Association for Information Science and Technology, 2016, 66（3）: 526-544.

[22] KIM J, THOMAS P, SANKARANARAYANA R, et al. What Snippet Size is Needed in Mobile Web Search? [C]. Proceedings of the 2017 Conference on Conference Human Information Interaction and Retrieval. Oslo, Norway; Association for Computing Machinery. 2017: 97-106.

[23] TITCHENER E B. Scientific Books: A Text-Book of Psychology [M]. Macmillan, 1910.

[24] MCDOUGALL S J, CURRY M B, DE BRUIJN O. Measuring symbol and icon characteristics: norms for concreteness, complexity, meaningfulness, familiarity, and semantic distance for 239 symbols [J]. Behavior research methods, instruments, & computers, 1999, 31（3）: 487-519.

[25] CAI T, ZHU H, JIE X, et al. Human cortical neural correlates of visual fatigue during binocular depth perception: An fNIRS study [J]. Plos One, 2017, 12（2）: e0172426.

[26] LIU J Y, HE S F, CAO B, et al. Research on the Visual Comfort of Large-size LED Color Screen [J]. China Illuminating Engineering Journal, 2015, 000（001）: 104-107.

[27] TIAN F. Evaluation Criteria for Visual Comfort in 3D-VR[J]. Journal of Shanghai University, 2017, 23（3）: 324-322.

[28] ZOU B C, LIU Y, GUO M. Stereoscopic Visual Com fort and Its Measurement: a Review [J]. Journal of Computer-Aided Design & Computer Graphics, 2018(9): 1589-1597.

[29] KO Y H. The effects of luminance contrast, colour combinations, font, and search time on brand

icon legibility [J]. Applied Ergonomics, 2017(65): 33-40.

[30] LIN H, HSIEH Y-C, WU F-G. A study on the relationships between different presentation modes of graphical icons and users' attention [J]. Computers in Human Behavior, 2016(63): 218-228.

[31] SHINAR D, VOGELZANG M. Comprehension of traffic signs with symbolic versus text displays [J]. Transportation Research Part F: Traffic Psychology and Behaviour, 2016, 18:72-82.

[32] QIN X A, KOUTSTAAL W, ENGEL S A. The Hard-Won Benefits of Familiarity in Visual Search: Naturally Familiar Brand Logos Are Found Faster [J]. Attention Perception & Psychophysics, 2016, 76.

[33] SHEN Z, XUE C, WANG H. Effects of Users' Familiarity With the Objects Depicted in Icons on the Cognitive Performance of Icon Identification [J]. i-Perception, 2018, 9(3): 204166951878080.

[34] CARR E W, BRADY T F, WINKIELMAN P. Are You Smiling, or Have I Seen You Before? Familiarity Makes Faces Look Happier [J]. Psychological Science, 2017, 28(8): 1087-1102.

[35] HUANG D L, RAU P L P, LIU Y. Effects of font size, display resolution and task type on reading Chinese fonts from mobile devices [J]. International Journal of Industrial Ergonomics, 2016, 39(1): 81-89.

第 **7** 章

基于图文元素的适老化交互设计实证研究实例二

在智能手机的帮助下，老年人可以轻松完成阅读、交流和支付等活动。然而，大多数流行的应用程序（APP）并不是按照老年人的认知能力和需求设计的，复杂的图形设计增加了使用应用程序的难度[1-3]。研究表明，目前智能手机APP的图标设计不适合老年人[4-6]。由于认知、知觉和运动能力的下降，老年人在阅读小尺寸文本、图标与功能匹配、控制拖拽速度和平衡能力，以及打字方面存在困难[7-9]。有手眼协调问题的老年人可能会点击小按钮困难[10]。在应用程序的交互设计中，图标起着重要的作用，小的图标会导致老年人产生更多的操作错误。总体而言，这些使用困难阻碍了老年人获取信息技术。本研究实例探索图形和文字大小组合设计对老龄用户视觉搜索效率的影响。

7.1 相关文献综述

用户可以通过点击图标来操作应用程序。图标传达语义信息，引导用户完成任务。一般来说，图标由边框、图形、背景和文本元素组成[11]。图形和文本元素对于正确理解图标的语义至关重要。Chi等人将图形化图标分为四种类型：图像相关型、概念相关型、半抽象型和任意型图标[12]。其中图像相关型图标是一个物体或动作的代表性象形图。虽然存在一些纯文本图标或象形图标，但许多研究表明，文本和图形对于更好地理解图标的语义都是必不可少的[13, 14]。文字图标易于理解，象形图标易于区分，有助于用户形成长期记忆[14, 15]。象形图指的是与图像相关的图标，即图形，通过与物理对象的图形相似性来传达意义。文字元素和图形元素是图标的主要设计元素。合理的图形和文字设计可以增强老年人在使用应用程序时的可读性、易读性和视觉搜索性能。因此，在本研究中，我们探索了最佳的文字和图形大小组合，以提高老年人在使用应用程序时的视觉搜索效率。

　　大量的现有研究发现文本大小对老年人的阅读产生了影响，较大的文本对老年人比较有益。目前，大多数用户使用点或像素作为屏幕上文本大小的单位。然而，通过比较不同的研究，尤其是在不同的产品之间，最佳的单位是视角（人机工程领域常用的单位）。它是文本高度与视觉距离的比率，以角分或度来测量[16]。Bernard等人建议使用14 pt(0.49°)大小的文本，以确保老年人看电脑屏幕时的视觉舒适和效率[17]。Darroch等人建议英文文本大小为8～12pt(0.40°～0.59°)，以确保老年人使用移动电脑时的易读性[18]。大量证据表明，老年人的文本大小应该大于年轻人。对于视力正常或模拟视力障碍的参与者来说，增加文本的大小会提高可读性和易读性[19]。Hou等人建议老年人使用中文文本大小为14～20px(0.42°～0.60°)[13]。上述的大量研究成果都是基于阅读任务来展开的，只是单独针对文字进行了研究。然而，图标通常是由文字和象形符号组合而成的，进行图形和文本的组合研究就非常有必要了。同时需要更多的研究来确定，上述文本大小是否可以和图形匹配，从而提高老年人的阅读效率。因此，本研究尝试确定老年人使用图标尺寸的最佳范围（图形大小和文字大小的组合）。

　　尽管研究表明较大的图形图标对老年人有益[20-22]，但现有研究中关于图形图标大小的建议仍比较有限。Lindberg等人调查了大学生参与者，发现图标的大小在很大程度上影响了年轻用户的感知[23]。具体来说，在40cm的观看距离下，小于5mm(0.72°)的图标导致搜索时间显著增加。上述研究者都建议，为老年人设计的图标应该大一些，以提高搜索效率。Sun等人建议，对于年轻人来说，触摸屏智能手机的最小舒适图标尺寸应该大于30px×30px，他们还建议老年人使用更大的图标尺寸[24]。然而，对于普通用户，Android和iOS推荐的标准图标大小是36px×36px(即0.69°，观看距离为50cm)[25, 26]。Oehl等人通过在触摸屏智能手机上执行指向任务，调查了衰老对视觉信息处理的影响，并建议老年人使用触控笔进行互动时的最小图标尺寸应为5mm×5mm(0.72°×0.72°)；对于手指输入，图标的大小应该大大增加[2]。Lindberg等人调查了图标大小对老年人速度感知的影响，并建议在40cm的观看距离下，中等大小的图标应该约为7mm×7mm(1.00°×1.00°)[27]。随着大屏手机的流行，大屏幕的智能手机为设计师提供了多种尺寸选择，可以确保老年人使用应用程序的易用性和可用性。

研究表明，网格大小和象形图间距也能影响用户的搜索性能。Lindberg等人使用象形图间距为0px、8px、16px、32px和64px进行了实验[27]。他们发现，象形文字间距对搜索时间没有显著影响，研究严格控制了网格大小和象形图间距，以消除其对视觉搜索效率的影响。

在信息搜索过程中，图形和文字究竟谁具有视觉优先性，目前还存在矛盾。一些研究表明，在信息搜索过程中，图形在视觉上比文本具有更高的优先级。例如，Kovačević等人发现他们的研究参与者在阅读说明书时更喜欢在图形附近搜索目标信息，他们将这一现象归因于图形的视觉吸引力[28]。Katz等人发现，与文本标签相比，图形标识具有更高的注意力优先级，吸引注意力的持续时间更长[29]。然而，一些研究人员指出，在信息搜索过程中，文字比图形具有更高的视觉优先级。Hernandez-Mendez等人指出，当游客遇到在线广告时，文本比图形有更长的注视时间和更高的视觉优先级[30]。在之前的一项研究中，研究人员针对驾驶中的交通图标的识别性进行了测试，发现单字信息比图形信息更能吸引注意力。与象形文字相比，单字信息提高了远距离阅读性能，所需的扫视次数减少，且缩短了扫视时间[31]。总体而言，视觉优先级与参与者的个人偏向性和目的相关[32]。

眼动追踪技术可以用来测量视觉优先级和注意力分配。眼动追踪指标包括兴趣区(AOIs)、首次注视时间、注视时间比。在眼动追踪研究中，可以根据相关区域或对象预先定义兴趣区(AOIs)。首次注视时间预示着视觉搜索任务中的效率、吸引力和优先级[4, 5, 28, 33]。首次注视时间是指从进入测试页面开始到第一次注视（完全位于目标AOI内的第一个注视点）的时间。注视是眼睛在一定时间内的相对静止状态。它使中心凹视觉在一定位置上稳定，从而使视觉系统获得物体的细节。注视时间最短为60ms，注视速度不应超过30°/s。注视时间是一种与注意力分配相关的指标，反映了眼睛在某一位置保持的时间[34]。注视时间比例(Proportion of Fixation Duration，缩写PFD，即每个AOI的注视时间与所有AOI中总注视时间的比值)是当每个参与者的任务完成时间不同时，注视时间的替代指标[35]。

研究人员根据老年人的认知需求，分别对图形大小和文字大小进行优化[13,31,36]，但是在图标设计中要同时考虑图像和文字大小的影响。本研究旨在确定图形和文字大小的最佳组合，以确定老年人对图像和文字的视觉优先级。因此，本研究以文字大小、图形文字大小和熟悉度为自变量，探讨其对可读性、易读性及视觉搜索效率的影响。从任务完成时间、首次注视时间和注视时间比三个方面评价视觉搜索绩效。

本研究解决了以下问题：

① 文本大小、图形大小和熟悉程度如何影响老年人的可读性、易读性和视觉搜索效率？

② 老年人在搜索图标时，会优先关注文字还是图形？

③ 提高老年人视觉搜索效率的文字和图形大小的最佳组合是什么？

7.2　研究方法

7.2.1　实验参与者

本研究招募了两组来自浙江省杭州市海天社区的老年人。首先，我们对78名年龄在57～71岁之间［平均年龄=（63.86±3.28）岁］的被试进行了一项关于图形熟悉度和复杂程度的线上预调查。其次，另一组48名参与者参加正式的眼动实验。本实验采用了中文版功能性视觉筛查问卷(Functional Visual Screening Questionnaire, FVSQ)，对上述48名被试进行视觉能力测试。12名患有白内障、青光眼等眼病或接受过眼部手术的参与者被排除。13名参与者因眼动追踪失败导致获取无效数据而被排除。最终23名被试（女性12名，男性11名）完成了实验。所有参与者都被允许佩戴日常视觉辅助工具，以确保他们能看得清楚。参与者中高中及以上文化程度者占52.17%。每名参与者至少有1年的智能手机使用经验。

根据Feldman的研究，人的视力从40～45岁开始急剧下降，55岁后趋于稳定[37]。一些研究表明，大多数人的认知能力在50岁中期开始下降，并在70岁迅速下降[21,25]。Li等人在一项关于手机可用性的实验中招募了55岁以上的参与者[38]。考虑到人的生理发育特点和计算机可用性研究的结果，本研究也招募了55岁以上的参与者，完成眼动实验的被试一共23人，年龄在55～71岁之间，平均年龄(62.04±3.64)岁。

本研究经过宁波大学包容性用户体验设计中心的审核和批准。所有受试者在试验开始前均签署知情同意书，并获得100元的报酬。

7.2.2 实验材料

本研究采用第44次《中国互联网络发展统计报告》中我国老年人常用的6款APP(微信、支付宝、喜马拉雅、拼多多、字节跳动和墨迹天气)中的204个图形图标。我们首先进行了一项在线预调查，进行图形图标的熟悉度和复杂度的评估，并为每个图形图标提供了主观评分。共有78名参与者对图形图标的熟悉度和复杂度进行打分，打分标准为1 ~ 5分。熟悉度＞3的图形被归类为"熟悉"，熟悉度<3的图形被归类为"不熟悉"。然后选取54个复杂度相近的图形(表7-1)，将其平均分配到熟悉和不熟悉的类别中。

表7-1 54个熟悉组和不熟悉组的图形图标

熟悉	☺	👍	👤	☁	📱	☆	☑	🔍	✉	≡	🚚	⚙	◎	⬆
众数	5	5	5	5	4	4	4	4	4	4	4	4	4	4
熟悉	▥	🛍	🛒	🎤	▯	⬡	🏠	⬇	🖾	▶	💳	📶	¥	
众数	4	4	4	4	4	4	4	4	4	4	4	4	4	
不熟悉	⊙	◈	✂	⊘	▭	▦	▦	▤	▦	LV	♲	¥	♡	🤚
众数	2	2	2	2	2	2	2	2	2	2	2	2	2	2
不熟悉	◉	🗔	¥	⊘	▱	▭	👤	⚡	▦	▦	💼	🖌	▤	
众数	2	2	2	2	2	2	2	1	1	1	1	1	1	

根据象形图分类标准，选取具有线条、正背景、无边框视觉特征的象形图[39]。所选图形的笔画厚度相同。按照Android和iOS的推荐，实验中使用的最小图形图标大小为36px×36px（0.69°×0.69°），设计画布的大小为414px×896px。这个设计画布是通过三倍放大渲染来填充1242px×2688px的屏幕，考虑到屏幕尺寸和布局设计，实验中的刺激在每种操作模式下均以3×3矩阵的形式呈现，图形间距为28px（4.6mm）。LED屏幕上显示的材料尺寸与iPhone XS Max（6.5英寸）上显示的材料尺寸相同（图7-1）。

图7-1 材料在LED屏幕上的呈现

7.2.3 实验设计

本研究采用3（图形大小）×3（文字大小）×2（熟悉度）重复测量实验设计，评估图形大小、文字大小和熟悉度对老年人可读性、易读性和视觉搜索能力的影响。本研究使用的图形大小分别为36px×36px（6mm×6mm，0.69°×0.69°）、72px×72px（12mm×12mm，1.38°×1.38°）和108px×108px（18mm×18mm，2.07°×2.07°）。根据Hou等的研究选取14px（10.5pt，0.42°）、17px（12.75pt，0.51°）和20px（15pt，0.60°）的文本大小[13]。每个图标对应的文字由2～4个汉字组成。通过对图形大小和熟悉度的组合进行操作，共得到18种模式。表7-2是实验中使用的18种(3×3×2=18)图形和文本大小组合的样本，我们通过编写程序使其随机呈现。

表7-2　18种图形和文本大小组合的样本

熟悉	购物车 A1B1C1	照片 A2B1C1	表情 A3B1C1	红包 A1B2C1	设置 A2B2C1	付款码 A3B2C1	点赞 A1B3C1	通讯录 A2B3C1	收付款 A3B3C1
不熟悉	电子发票 A1B1C2	淘宝心选 A2B1C2	我的积分 A3B1C2	申请办卡 A1B2C2	意见反馈 A2B2C2	会员码 A3B2C2	小程序 A1B3C2	基金 A2B3C2	游戏 A3B3C2

因变量有可读性、易读性和视觉搜索性能。根据任务完成时间、首次注视时间和眼动追踪系统测量的注视时间比例（PFD）来评价视觉搜索能力。以下三个问题根据测试后情景问卷[26, 35]进行了改编，采用李克特7点量表来测量图标的可读性和易读性。具体如下：

① 当您阅读文字图形组合时，难易程度如何？

② 当您阅读文字图形组合时，可读性如何？

③ 当您阅读文字图形组合时，清晰度如何？

7.2.4 实验过程

被试在隔音实验室进行测试，距离24英寸（53.15cm×29.90cm）显示器50cm，视角为28.16°×28.16°。显示器的分辨率为1920px×1080px。在正式实验前，每个参与者必须在恒定的环境光下进行精度和准确性的校准。

实验过程包括图7-2所示步骤。首先，参与者要回答一份关于他们的年龄、教育背景和使用智能手机经验的基本问卷。同时，采用视力能力测试对参与者进行筛选。然后，研究人员介绍实验的过程。随后，通过一个练习环节，帮助参与者熟悉实验。校准完成后，眼动仪就开始记录眼球运动数据。实验参与者执行完视觉搜索任务后，对图标进行可用性和易用性的主观评价。在正式实验中，模拟界面随机呈现18种模式，每个参与者花费约5～15min完成任务，没有任务时间限制。

为避免启动效应，在各种模式的视觉搜索任务前均呈现标准图形大小（36px×36px，0.69°×0.69°）和文本大小（17px，0.51°）的刺激目标。参与者需要记住刺激目标（没有任何时间限制），然后启动视觉搜索任务。当参与者在每个模式中单击目标时，任务结束。在完成视觉搜索任务后，要求参与者立即完成可读性和易读性量表。

图7-2 实验过程

7.2.5 数据收集与分析

参与者在实验中被允许佩戴眼镜。本研究使用Tobii Pro Spectrum眼动仪，采样频率为1200 Hz，准确度为0.3°，精确度为0.1°。眼动仪置于无窗实验室，光线均匀。实验使用上述追踪器采集眼球运动数据，包括首次注视时间、PFD和任务完成时间。在进行进一步分析之前，我们预先为目标图标定义了文字和图形的AOI(即兴趣区，见图7-3)。文字的AOI大小相同，图形的AOI大小根据图形的大小来定义。眼动实验结束后，共收集23组可读性和易读性主观评分问卷。采用重复测量方差分析和顺序逻辑回归分析，对眼动追踪客观数据和主观评分数据进行分析。采用SPSS 19.0对上述结果进行统计学分析，采用$p < 0.05$为显著性水平。在进行方差分析前，对各条件的数据进行正态分布检验。包括图形大小、文本大小和熟悉度进行Mauchly球形度检验，验证重复测量方差分析的结果。

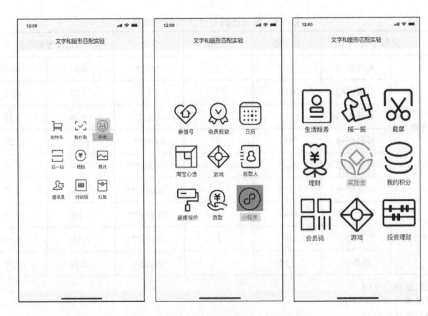

图7-3　图形AOI和文字AOI区域的定义

7.3 研究结果分析

本研究探讨了图形大小、文本大小和熟悉度对视觉搜索性能的影响。我们测量了可读性、易读性、任务完成时间、首次注视AOI的时间、图形和文本之间的视觉优先级，以及PFD，以确定适合老年用户的图形和文本大小的最佳组合。

7.3.1 图形大小和文本大小对可读性和易读性的影响

可读性和易读性是使用上文关于实验设计中提到的主观量表进行测量的。"阅读文本和图形组合有多难？"用来评估可读性，被试分别对18种组合进行打分。在进行有序逻辑回归之前，先进行平行检验。检验结果显示，x^2为21.84，p为0.11，符合平行线假设。有序逻辑回归结果表明，模型拟合良好（$x^2=51.574$，$p<0.001$），图形大小（均值0.69°×0.69°：5.26vs均值1.38°×1.38°：5.61vs均值2.07°×2.07°：5.90，$p<0.001$）和文本大小（均值0.42°：4.98vs均值0.51°：5.83vs均值0.60°：5.97，$p<0.001$）对可读性有显著影响，而熟悉度（$p=0.285$）对可读性没有显著影响（表7-3）。

表7-3　可读性的有序逻辑回归结果

变量		瓦尔德	自由度	p值	95% 置信区间	
因变量	可读性=1	6.35	1	0.012*	−2.31	−0.29
	可读性=2	0.66	1	0.417	−1.27	0.53
	可读性=3	1.31	1	0.252	−0.36	1.36
	可读性=4	7.17	1	0.007**	0.31	2.02
	可读性=5	26.06	1	<0.001***	1.38	3.14
	可读性=6	51.28	1	<0.001***	2.39	4.20
自变量	图形大小	18.04	1	<0.001***	0.26	0.70
	文字大小	34.71	1	<0.001***	0.45	0.90
	熟悉度	1.14	1	0.285	−0.16	0.55

麦克法登 伪R^2=0.04
考斯克-斯奈尔 伪R^2=0.12
内戈尔科 伪R^2=0.12

注：*代表$p<0.05$，**代表$p<0.01$，***代表$p<0.001$。

"文字图形的组合有多容易辨认？"和"文字图形的组合有多清晰？"这两个问题用来评估易读性。使用有序逻辑回归分别对这两个问题的数据进行分析。这些问题也得到了类似的结果。这些结果表明，图形大小（$p<0.001$）和文本大小（$p<0.001$）对易读性有显著影响，而熟悉度对易读性无显著影响（p=0.018）。

7.3.2　视觉搜索效率分析

本研究从任务完成时间、第一次注视AOI的时间，以及包含象形文字和包含文本的AOI的视觉优先级和PFD三个方面研究视觉搜索的表现。

（1）图形大小和文字大小对任务完成时间的影响

眼动仪用于测量任务完成时间。18种模式下的任务完成时间显示如图7-4所示。通过重复测量方差分析发现，只有图形大小对任务完成时间有显著影响 [$F_{(2,44)}$=7.96，p=.001，η_p^2=0.27]，而文本大小 [$F_{(2,44)}$=2.31，p=0.111，η_p^2=0.10] 和熟悉度 [$F_{(1,22)}$=0.02，p=0.885，η_p^2=0.10] 对任务完成时间没有显著影响。图形大小和文本大小的交互作用对任务完成时间有显著影响 [$F_{(4,88)}$=7.83，$p<0.001$，η_p^2=0.26]。具体而言，当图形大小设置为0.69°×0.69°时，随着文本大小的增加，任务完成时间显著降低。但是，如果将图形大小设置为1.38°×1.38°，则

随着文本大小的增加，任务完成时间显著增加(图7-4)。

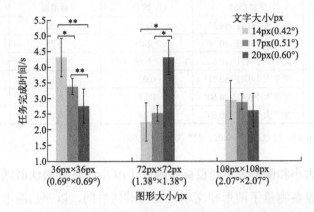

图7-4　对不同图形和文本大小组合的任务完成时间进行多重比较统计

　　图形大小和文字大小的简单效应分析结果如表7-4所示。当图形大小固定为0.69°×0.69°时，文字大小为0.42°(4.33s±0.53s)的任务完成时间显著长于文字大小为0.51°(3.40s±0.22s)和0.60°(2.74s±0.13s)的任务完成时间，说明字体越大，老年人对目标的定位速度越快。当图形大小增加到1.38°×1.38°时，0.42°(2.26s±0.11s)和0.51°(2.54s±0.14s)文本大小的任务完成时间差异不显著。然而，文本大小为0.42°和0.60°(4.32s±0.73s)，以及文本大小为0.51°和0.60°之间的任务完成时间存在显著差异。与36px×36px(0.69°×0.69°)的图形不同，72px×72px(1.38°×1.38°)图形的分析结果表明，更大的文字尺寸会降低任务的完成速度。当图形尺寸较小时，被试主要根据文本信息进行判断；因此，文字尺寸越大，他们完成任务的时间越早。当图形图尺寸较大时，老年人同时使用图形信息和文字信息进行决策。较大的文字尺寸增加了字母间距，但是被试的视觉广度不能随着文本大小的增加而增加。因此，当文本大小过大时，任务完成速度会降低。当图形尺寸为2.07°×2.07°时，文字尺寸为0.42°(2.96s±0.17s)、0.51°(2.90s±0.21s)和0.60°(2.61s±0.09s)时差异不显著。在此条件下，图形可能成为老年人的决策性信息来源。

表7-4　任务完成时间的简单效应分析结果

固定条件	比较条件	平均差	标准差	p值
图形大小 0.69°×0.69°	文字大小0.42°vs0.51°	0.93	0.35	0.015*
	文字大小0.42°vs0.60°	1.55	0.47	0.003**
	文字大小0.51°vs0.60°	0.63	0.16	0.001**

固定条件	比较条件	平均差	标准差	p值
图形大小 1.38°×1.38°	文字大小0.42°vs0.51°	−0.28	0.20	0.177
	文字大小0.42°vs0.60°	−2.06	0.75	0.012*
	文字大小0.51°vs0.60°	−1.79	0.72	0.021*
图形大小 2.07°×2.07°	文字大小0.42°vs0.51°	0.07	0.18	0.721
	文字大小0.42°vs0.60°	0.35	0.17	0.054
	文字大小0.51°vs0.60°	0.28	0.18	0.139

注：*代表$p < 0.05$，**代表$p < 0.01$，***代表$p < 0.001$。

（2）文字大小和图形大小对目标兴趣区（AOIs）注视潜伏时间的影响

眼球追踪设备测量了图形和文本的注视潜伏时间，以评估图形和文本的大小是否影响老年人找到目标图标的速度。通过重复测量方差分析的结果显示，图形大小［$F(2, 44)=28.48$，$p < 0.001$，$\eta_p^2=0.56$］和文本大小［$F(2, 44)=9.76$，$p < 0.001$，$\eta_p^2=0.31$］对目标AOIs的注视潜伏时间有显著影响（图7-5）。然而，熟悉度［$F(1, 22)=0.39$，$p=0.537$，$\eta_p^2=0.02$］对上述时间没有显著影响。将图形尺寸从0.69°×0.69°增加到1.38°×1.38°，显著缩短了在目标AOIs上的注视潜伏时间（0.69°×0.69°：2.22s±0.16s；1.38°×1.38°：1.37s±0.06s）。当图形尺寸从1.38°×1.38°增加到2.07°×2.07°时，在目标AOIs上的注视潜伏时间增加（1.38°×1.38°：1.37s±0.06s；2.07°×2.07°：1.54s±0.08s）。图形大小影响了周边视觉和视觉广度，从而增加了对于目标AOIs的注视潜伏时间。随着文字大小的增加，对于目标AOIs的注视潜伏时间从0.42°到0.51°再到0.60°依次减少（0.42°：1.91s±0.11s；0.51°：1.65s±0.08s；0.60°：1.54s±0.09s）。

在目标AOIs中，图形大小和文字大小的交互作用对注视潜伏时间有显著影响［$F(4, 88)=44.51$，$p < 0.001$，$\eta_p^2=0.67$］（图7-5）。结果表明，对于尺寸为0.69°×0.69°的图形，随着文字尺寸的增加，在目标AOIs上的注视潜伏时间显著缩短（0.42°：3.10s±0.03s vs0.51°：2.24s±0.14s，$p < 0.001$，0.51° vs 0.60°：1.31s±0.11s，$p < 0.001$；0.42° vs 0.60°，$p < 0.001$）。当图形尺寸为1.38°×1.38°时，文字尺寸从0.42°增加到0.60°时，在目标AOIs上的注视潜伏时间显著增加（0.42°：1.01s±0.07s vs0.60°：2.05s±0.17s，$p < 0.001$）。然而，当文本大小从0.42°增加到0.51°时，在目标AOIs上的注视潜伏时间略有增加（0.42°：1.01s±0.07s vs0.52°：1.05s±0.09s，$p=0.746$）。对于尺寸为2.07°×2.07°的图形，随着文字尺寸的增加，在目标AOIs上的注视潜伏时间没有明显变化（0.42°：1.62s±0.09s vs 0.51°：1.65s±0.13svs0.60°：1.36s±0.07s）。

（3）在图标搜索任务中对图和文字进行视觉优先级排序

图标搜索任务中，在图形和文字的AOIs上的注视潜伏时间揭示了图形和

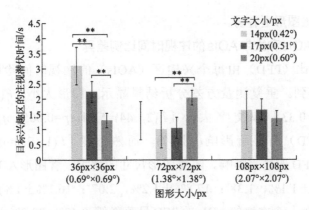

图7-5 目标兴趣区（AOIs）的注视潜伏时间

文字大小对视觉优先级的影响。结果表明，在图形和文字的AOIs中，图形大小显著影响注视潜伏时间 $[F(2, 44)=8.84, p=0.007, \eta_p^2=0.29]$。当图形尺寸为 $0.69°×0.69°$ 时，包含图形AOIs(2.027s±0.116s)与包含文字 AOIs(2.40s±0.28s)的注视潜伏时间的差异无统计学意义($p=0.217$)。当图形大小增加到 $1.38°×1.38°$（包含图形的AOIs：1.57s±0.10s vs 包含文字的AOIs：1.17s±0.07s)和$2.07°×2.07°$（包含图形的AOIs：1.70s±0.07s vs 包含文字的AOIs：1.38s±0.13s)时，在含有图形的AOIs中，注视潜伏时间明显晚于含有文字的AOIs，这表明老年用户在观察图形之前就先注视到了文本。图7-6展示了研究参与者的视觉优先模式。之所以出现图7-6中显示的视觉优先模式，可能是因为老年人对文字更加熟悉，他们发现记

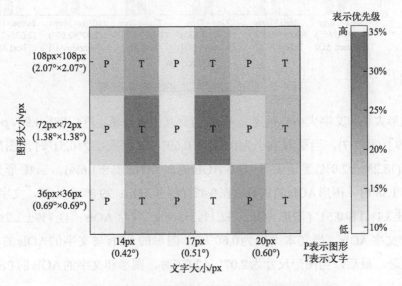

图7-6 老年人在视觉搜索任务中呈现的视觉优先模式

忆和查找文字比图形更容易。

（4）图形AOIs和文字AOIs的注视时间比例差异

注视时间比（PFD）由每个兴趣区（AOIs）的注视时间除以任务期间的总注视时间得到。重复测量方差分析结果显示，图形大小 $[F(2, 44)=10.23, p<0.001, \eta_p^2=0.33]$ 和文字大小 $[F(2, 44)=5.94, p=0.005, \eta_p^2=0.22]$ 对注视时间比（PFD）有显著影响（图7-7），而熟悉度 $[F(1, 22)=0.19, p=0.666, \eta_p^2=0.01]$ 对PFD无显著影响。随着图形尺寸的增大，含图形AOIs的PFD减小（0.69°：20.6%±1.1%，1.38°：17.8%±1.2%，2.07°：16.1%±1%）。此外，随着文字尺寸的增加，含文字的AOIs的PFD显著降低(0.42°：20.3%±1.3%，0.51°：17.5%±1.1%，0.60°：16.7%±0.9%)。

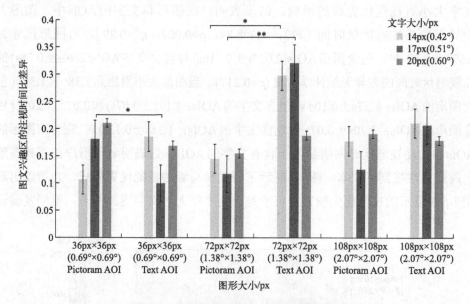

图7-7　图形与文字AOIs的注视时间比例

图形大小、文字大小与预定义AOIs的交互作用显著 $[F(4, 88)=4.96, p=0.001, \eta_p^2=0.19]$（图7-7）。当图形大小为0.69°×0.69°，文字大小为0.51°时，图形AOIs的PFD(18.2%±2.0%)显著高于文本AOIs的PFD(10.0%±1.6%)。当图形尺寸为1.38°×1.38°时，图形AOIs的PFD值在0.42°（图形AOIs：29.8%±3.6%，文字AOIs：14.5%±3.1%)和0.51°（图形AOIs：32.1%±3.9%，文字AOIs：11.7%±2.2%)时显著高于文字AOIs。当文本大小为0.60°时，图形的AOIs与文字的AOIs的PFD差异不显著。最后，当图形尺寸为2.07°×2.07°时，图形和文字的AOIs的PFD无显著差异。

7.4 讨论

7.4.1 图形大小和熟悉度对老年人的可读性、易读性和任务完成时间的影响

可读性和易读性是智能手机图标设计的关键指标。Lindberg等人以 15px×15px(0.50°×0.50°)、32px×32px(1.06°×1.06°)和45px×45px(1.49°×1.49°) 的图形大小作为刺激点，研究表明，较大的图形大小对应的老年人搜索效率较高[27]。然而，目前还没有研究涉及图形大小和文本大小的组合对搜索效率的综合影响。本书的研究结果与Lindberg[27]和Hou等人[13]的研究结果部分一致。在本研究中，图形的大小显著影响老年人对图形的可读性和易读性的主观评价。由于随着年龄增长而产生的拥挤效应，较大的图形尺寸导致更高的评级。较大的象形图和文本尺寸可以用来增强老年人的感知能力。Lindberg[25]发现视觉搜索效率随着年龄增长而下降，老年人需要比年轻人更多的时间来区分图标[23]。因此，较大的图形尺寸增加了老年人对图标的可读性和易读性。

在本研究中，文字大小为0.60°时的可读性和易读性得分最高。有研究表明，较大的文字尺寸可以提高老年人阅读文本的可读性和易读性[13, 18, 40]。较大的文本尺寸更适合老年人[13, 41]。本研究的发现与以往研究部分一致。然而，在本研究中，对于尺寸为0.69°×0.69°的图形，当文字尺寸增加到0.51°以上时，可读性和易读性下降。这一结果不支持老年人使用尽可能大的文字尺寸的建议，因为当文字尺寸增加超过0.51°时，评级没有显著差异。上述现象可能是视觉搜索中视觉跨度的限制所致。视觉跨度从根本上限制了阅读速度，也就是说，它在不移动眼睛的情况下对可以识别的字母数量施加了限制[42]。老年人需要较大的文字尺寸可能是老年人的视觉跨度缩小所致。考虑到手机屏幕尺寸的限制，为了老年人的可读性和易读性，建议文字尺寸为0.51°。对比以往大多数针对老年人进行的关于文字可读性和易读性的研究，我们推荐的文字尺寸更大[18, 35, 40, 43]。然而，Huang等人推荐的文本大小略大于本研究推荐的文本大小[41]。为了与之前的研究进行比较，我们将文本大小的单位从pt(px)换成了视角。如表7-5所示，Hou等人建议老年人文本大小为12.75～15pt(0.51°～0.60°)[13]，Huang等人建议文本大小为0.62°[41]。

本研究发现熟悉度对可读性、易读性和任务完成度没有显著影响。在以往的研究中发现熟悉度影响图形识别的速度和准确性，这些结果与之相矛盾[43-46]。这种矛盾

可能是因为本研究中目标图标（在第一组测试前任务目标图标记忆中）的显示没有时间限制。缺乏时间限制可能增加了对陌生图形的熟悉度，影响了熟悉度的结果。

任务完成时间反映了信息处理的效率[13]。本研究发现，文字大小显著影响任务完成时间，这与以往研究的结果一致[2]。更大的文本尺寸显著减少了任务完成时间，这表明更大的文本尺寸增加了可读性和易读性。然而，当文本大小过大时，任务完成时间会增加。这一结果是由于过大的文本尺寸增加了字母间距，超出了研究参与者的视觉范围。此外，由于中央窝在眼睛中具有最高的视觉敏锐度，更大的文字尺寸意味着更多的字母必须被周边视觉处理。因此，在一定的阈值下，更大的文本大小是合适的。此外，当被试无法识别图形时，则会根据文本信息进行决策。根据本研究的结果，在给使用的老年人移动应用程序设计中，建议文字大小为0.51°～0.60°。

当图形尺寸较小时，较大的文本尺寸减少了任务完成时间，这表明老年人主要通过阅读文本来验证目标。结果表明，当图形大小为0.69°×0.69°、文本大小为20px(0.60°)时，任务完成时间最短。然而，当图形大小增加时，老年人通过观察图形和文字共同验证目标。例如，当图形尺寸增加到1.38°×1.38°时，0.42°和0.51°的文字尺寸在任务完成时间上只观察到很小的差异。这可能是因为较大的图形尺寸提高了图标的可读性和易读性，而过大的字母则降低了工作效率。在这种情况下，图形和文字都是老年人核实目标的重要信息来源。当图形大小为2.07°×2.07°时，14px(0.42°)和20px(0.60°)之间的文字大小在任务完成时间上仅略有差异。这一结果表明，图形是老年人识别目标的主要来源，简短的文字使老年人能够正确理解图形[33]。

7.4.2 老年人的视觉优先顺序与注意力分配

Ng等人发现，图形比文字更容易吸引老年人的注意力[47]。然而，目前的研究表明，老年人首先观察的是含有文字的AOIs，然后观察的是图形AOIs，当图形大小为1.38°×1.38°或2.07°×2.07°时，老年人在视觉上优先考虑文字。因此，老年人倾向于首先观察文本。二元编码理论认为，图形和文字通过图像和语言系统的结合，从而向老年人传递信息[48]。一般来说，语言处理比图像处理更快，但是图像更有利于记忆[28]。但是，在视觉搜索任务中，文本是老年人获取信息的主要来源，因为对于老年人来说文本处理对记忆的要求相对较低。

老年人对图形的关注时间往往长于文本。统计分析结果显示，图形的注视时间比（PDFs）显著高于文字，说明老年人对图形的观察时间更长。这是因为对老年人来说，准确理解图形所传达的信息是很困难的。在这项研究中，老年人必须花费更多的精力来理解和区分图形，而不是理解和区分文字。而当图形尺寸为2.07°×2.07°，文字尺寸为20px(0.60°)时，图形与文字的注视时间比（PDFs）没有显著差异，图形尺寸越大，图标的可分辨性越强，文字尺寸越大，越便于增强对图形的理解。

图形大小和文字大小的增加，显著降低了图形和文字的AOIs的注视时间比，这表明更大的图形和文本大小更有助于老年人识别图标。而当图形和文字尺寸分别大于1.38°×1.38°和0.51°时，注视时间比的下降不显著。Lindberg等人[27]发现，较大的图形会减少老年人的搜索时间。本研究获得的眼球追踪测量结果支持了上述结论。更大的图形和文本尺寸减少了参与者必须倾注的注意力。

7.4.3 图标设计的图形和文字大小组合的建议

表7-5和表7-6总结了先前研究中关于适老化的图形和文字大小。这些研究只是推荐了合适的图形大小或文字大小。表7-7列出了根据本研究结果，提出的不同图形和文字大小的组合。

表7-5 不同研究者关于文本大小建议的比较

研究者	分辨率	设备	年龄	语言	文字大小的建议	视距	视角	方法
Darroch 等人 (2005)	640px×480px	手提电脑	18~29, 61~78	英语	8~12pt(2.80~4.2mm, 0.40°~0.59°)	40.6cm	4.30°×4.30°	阅读
Wang 等人 (2009)	176px×220px	手机	Mean=66	中文	8pt(2.80mm，视角未指定)	未知	Unspecified	阅读
Huang 等人 (2009)	240px×320px	手机	21~26	中文	3.8 mm(0.62°)	35cm	2.45°×2.45°	阅读
Liu等人 (2016)	1,680px×1,050px	台式机	19~826	中文	12pt(4.2mm,0.48°)	50cm	25.31°×25.31°	阅读
Hou等人 (2018)	1,920px×1,080px	智能手机	57~70	中文	17~20px(4.46~5.25mm,0.51°~0.60°)	50cm	3.43°×3.43°	阅读
本研究结果	1,920px×1,080px	台式机(模拟智能手机界面)	57~71	中文	0.51°的大小可以提高文字的可读性和易读性	50cm	28.16°×28.16°	手指点触

表7-6 不同研究者关于象形图大小建议的比较

研究者	分辨率	设备	年龄	语言	象形图大小的建议	视距	视角	方法
Lindberg等人(2003)	1,600px×1,024px	台式机	20~50	芬兰语	≥0.5 cm (5mm,0.72°)	40cm	23.75°×23.75°	阅读
Lindberg等人(2006)	1,600px×1,024px	台式机	20~64	芬兰语	Moderate in size7 mm(1.00°)	40cm	23.75°×23.75°	阅读

研究者	分辨率	设备	年龄	语言	象形图大小的建议	视距	视角	方法
Sun等人 (2007)	1,280px×1,024px	桌面触摸屏	18～36	中文	≥30px×30px(7.9mm, 视角未指定)	未知	未知	指读
Oehl等人 (2015)	1,024px×768px	桌面触摸屏	22～32, 40～62	德语	≥5mm×5mm (0.72°×0.72°)	40cm	16.7°×16.7°	手写笔
本研究结果	1,920px×1,080px	台式机(模拟智能手机界面)	57～71	中文	72px×72px (12mm×12mm, 1.38°×1.38°)	50 cm	28.16°×28.16°	手指点触

表7-7　图形和文字大小组合的建议

场景	图形和文字大小组合的建议	
	图形大小	文字大小
可读性和易读性	108px×108px(2.07°×2.07°)	17px(0.51°)
任务效率	36px×36px(0.69°×0.69°) 72px×72px(1.38°×1.38°) 108px×108px(2.07°×2.07°)	20px(0.60°) 14～17px(0.42°～0.51°) 14～20px(0.42°～0.60°)
认知负荷	72px×72px(1.38°×1.38°)	17px(0.51°)

本研究探讨了图形与文字大小组合对可读性、易读性及任务完成时间的影响。结果表明，合适的图形和文本大小组合根据因变量的不同而不同。在图形大小为 2.07°×2.07°、文字大小为0.51°的条件下，老年人可以获得较高的可读性和易读性。Android和iOS的建议尺寸大小比我们建议的要小得多。iOS假设在50cm的观看距离下，工具栏和导航栏的图形尺寸为0.46°×0.46°～0.53°×0.53°，主屏幕快速操作图标的图形尺寸为0.52°×0.52°～0.66°×0.66°。Android推荐系统图标的图形尺寸为0.46°×0.46°(假设观看距离为50cm)。此外，Android和iOS推荐的尺寸为 0.40°～0.48°的文字和图形匹配。为了提高任务效率，本研究提出了图形和文本大小的最佳组合。例如，图形大小为0.69°×0.69°，则文本大小应为0.60°。因此，每个图形大小都有相应的最佳文本大小(表7-7)。对于1.38°×1.38°的图形大小，推荐的文本大小在0.42°～0.60°之间。这一发现表明，当图形大小足够大时，文本大小对任务效率的影响很小。我们的文本大小建议与Android和iOS类似(0.40°～0.48°)。然而，Android和iOS并没有推荐图形和文本大小的组合。总体而言，本文推荐的图形和文字大小组合比Android和iOS推荐的要大。

在认知负荷方面，图形尺寸为1.38°×1.38°和文本尺寸为0.51°时，老年人的注视时间比例（PFD）最低，表明这种尺寸组合减轻了最大的认知负荷。

7.4.4 结论和局限性

本研究尚存在一定的局限性,必须在未来的研究中加以解决。第一,虽然本研究在预调查中采用主观评分来控制图形的熟悉度,但没有时间限制的目标图形的展示,可能会增加被试者对陌生图形的熟悉度,从而影响熟悉度测试结果。第二,本研究没有考察熟悉度的个人差异。第三,这项研究缺少一个由年轻人组成的对照组。在未来的研究中,可以纳入不同的参与者群体,以了解老年人和年轻人在视觉搜索表现中的差异。

本研究的目的在于:① 探讨文字大小、图形大小和熟悉度对老年人的可读性、易读性和视觉搜索效率的影响;② 确定老年人在搜索图标时,在视觉上优先选择文字还是图形;③ 提出文字和图形大小的最佳组合,以提高老年人的视觉搜索性能。

为了确定文字大小、图形大小、熟悉度(自变量)与可读性、易读性、视觉搜索效率的关系,我们进行了控制性眼球追踪实验。实验结果表明,图形大小和文本大小对可读性、易读性和视觉搜索性能有显著影响。当图形大小大于1.38°×1.38°时,老年人首先观察文本。此外,本研究根据实验结果提出了不同的图形和文字大小的组合。这项研究的发现为设计师提供了建议,可以让设计师在今后的设计中提高应用程序的适老性。

参考文献

[1] ZHOU J, RAU P L P, SALVENDY G. Older adults' use of smart phones: an investigation of the factors influencing the acceptance of new functions [J]. Behaviour & Information Technology, 2014, 33(6): 552-560.

[2] OEHL M, SUTTER C. Age-related differences in processing visual device and task characteristics when using technical devices [J]. Applied Ergonomics, 2015, 48: 214-223.

[3] LI Q C, LUXIMON Y. Older adults' use of mobile device: usability challenges while navigating various interfaces [J]. Behaviour & Information Technology, 2020, 39(8): 837-861.

[4] BEATTIE K L, MORRISON B W. Navigating the Online World: Gaze, Fixations, and Performance Differences between Younger and Older Users [J]. International Journal of Human-Computer Interaction, 2019, 35(16): 1487-1500.

[5] BERGSTROM J C R, OLMSTED-HAWALA E L, JANS M E. Age-Related Differences in Eye Tracking and Usability Performance: Website Usability for Older Adults [J]. International Journal of Human-Computer Interaction, 2013, 29(8): 541-548.

[6] SEKULER A B, BENNETT P J, MAMELAK M. Effects of aging on the useful field of view [J]. Exp Aging Res, 2000, 26(2): 103-120.

[7] CHANG H-T, TSAI T-H, CHANG Y-C, et al. Touch panel usability of elderly and children [J]. Computers in Human Behavior, 2014, 37: 258-269.

[8] LEONARDI C, ALBERTINI A, PIANESI F, et al. An exploratory study of a touch-based gestural interface for elderly [J]. 2010: 845.

[9] SONDEREGGER A, SCHMUTZ S, SAUER J. The influence of age in usability testing [J]. Applied Ergonomics, 2016, 52: 291-300.

[10] GHORBEL F, METAIS E, ELLOUZE N, et al. Towards Accessibility Guidelines of Interaction and User Interface Design for Alzheimer's Disease Patients [M]. 2017.

[11] HORTON W K. The Icon Book: Visual Symbols for Computer Systems and Documentation [J]. PROCEEDINGS- IEEE, 1995.

[12] CHI C-F, DEWI R S. Matching performance of vehicle icons in graphical and textual formats [J]. Applied Ergonomics, 2014, 45(4): 904-916.

[13] HOU G H, DONG H, NING W N, et al. Larger Chinese text spacing and size: effects on older users' experience [J]. Ageing and Society, 2018, 40(2):1-23.

[14] SHINAR D, VOGELZANG M. Comprehension of traffic signs with symbolic versus text displays [J]. Transportation Research Part F: Traffic Psychology and Behaviour, 2013, 18: 72-82.

[15] KLINE T J B, GHALI L M, KLINE D W, et al. VISIBILITY DISTANCE OF HIGHWAY SIGNS AMONG YOUNG, MIDDLE-AGED, AND OLDER OBSERVERS - ICONS ARE BETTER THAN TEXT [J]. Human Factors, 1990, 32(5): 609-619.

[16] KO P Y, MOHAPATRA A, BAILEY I L, et al. Effect of Font Size and Glare on Computer Tasks in Young and Older Adults [J]. Optometry & Vision Science Official Publication of the American Academy of Optometry, 2014, 91(6):682.

[17] BERNARD M, LIAO C H, MILLS M. The effects of font type and size on the legibility and reading time of online text by older adults [J]. 2001: 175.

[18] DARROCH I, GOODMAN J, BREWSTER S, et al. The effect of age and font size on reading text on handheld computers [C]//COSTABILE M F, PATERNO F. Human-Computer Interaction - Interact 2005, Proceedings. Berlin; Springer-Verlag Berlin. 2005: 253-266.

[19] ALOTAIBI A Z. The effect of font size and type on reading performance with Arabic words in normally sighted and simulated cataract subjects [J]. Clinical and Experimental Optometry, 2007, 90(3): 203-206.

[20] HUANG H, YANG M, YANG C, et al. User performance effects with graphical icons and training for elderly novice users: A case study on automatic teller machines [J]. Applied Ergonomics, 2019, 78: 62-9.

[21] DRAG L L, BIELIAUSKAS L A. Contemporary review 2009: cognitive aging [J]. Journal of geriatric psychiatry and neurology, 2010, 23(2): 75-93.

[22] LEE A Y. The mere exposure effect: An uncertainty reduction explanation revisited [J]. Journal of Personality and Social Psychology, 2001, 27(10): 1255-1266.

[23] LINDBERG T, N S NEN R. The effect of icon spacing and size on the speed of icon processing in the human visual system [J]. Displays, 2003, 24(3): 111-120.

[24] SUN X, PLOCHER T, QU W. An Empirical Study on the Smallest Comfortable Button/Icon Size on Touch Screen, Berlin, Heidelberg, F, 2007 [C]. Springer Berlin Heidelberg.

[25] SCHAIE K W. Developmental influences on adult intelligence: The Seattle longitudinal study [M]. New York: Oxford University Press, 2005.

[26] LEWIS J R. Psychometric evaluation of an after-scenario questionnaire for computer usability studies: the ASQ [J]. ACM Sigchi Bulletin, 1991, 23(1): 78-81.

[27] LINDBERG T, N S NEN R, M LLER K. How age affects the speed of perception of computer icons [J]. Displays, 2006, 27(4-5): p. 170-177.

[28] KOVAČEVIĆ D, BROZOVIĆ M, MOŽINA K. Improving visual search in instruction manuals using pictograms* [J]. Ergonomics, 2016, 59(11): 1405-1419.

[29] KATZ M, CAMPBELL B, LIU Y Z. Local and Organic Preference: Logo versus Text [J]. J Agric Appl Econ, 2019, 51(2): 328-347.

[30] HERNANDEZ-MENDEZ J, MUNOZ-LEIVA F. What type of online advertising is most effective for eTourism 2.0? An eye tracking study based on the characteristics of tourists [J]. Computers in Human Behavior, 2015, 50: 618-625.

[31] ROCA J, INSA B, TEJERO P. Legibility of Text and Pictograms in Variable Message Signs: Can Single-Word Messages Outperform Pictograms? [J]. Human Factors, 2018, 60(3): 384-396.

[32] JIAN Y C, KO H W. Influences of text difficulty and reading ability on learning illustrated science texts for children: An eye movement study [J]. Computers & Education, 2017, 113(10):263-279.

[33] GUO F, DING Y, LIU W, et al. Can eye-tracking data be measured to assess product design?: Visual attention mechanism should be considered [J]. International Journal of Industrial Ergonomics, 2016, 53: 229-235.

[34] ECKSTEIN M K, GUERRA-CARRILLO B, SINGLEY A T M, et al. Beyond eye gaze: What else can eyetracking reveal about cognition and cognitive development? [J]. Developmental Cognitive

Neuroscience, 2017, 25: 69-91.

[35] BERNARD M L, CHAPARRO B S, MILLS M M, et al. Comparing the effects of text size and format on the readability of computer-displayed Times New Roman and Arial text [J]. International Journal of Human-Computer Studies, 2003, 59(6): 823-835.

[36] HUANG S M. Effects of font size and font style of Traditional Chinese characters on readability on smartphones [J]. International Journal of Industrial Ergonomics, 2019, 69:66-72.

[37] FELDMAN R S. Development across the life span, 4th ed [M]. Auckland: Pearson Education New Zealand, 2006.

[38] LI Q C, LUXIMON Y. Understanding Older Adults' Post-adoption Usage Behavior and Perceptions of Mobile Technology [J]. International Journal of Design, 2018, 12(3): 93-110.

[39] LIN H, HSIEH Y-C, WU F-G. A study on the relationships between different presentation modes of graphical icons and users' attention [J]. Computers in Human Behavior, 2016, 63: 218-228.

[40] WANG L, SATO H, RAU P L P, et al. Chinese Text Spacing on Mobile Phones for Senior Citizens [J]. Educ Gerontol, 2009, 35(1): 77-90.

[41] HUANG D L, RAU P L P, LIU Y. Effects of font size, display resolution and task type on reading Chinese fonts from mobile devices [J]. International Journal of Industrial Ergonomics, 2009, 39(1): 81-89.

[42] LEGGE G E, MANSFIELD J S, CHUNG S T L. Psychophysics of reading XX. Linking letter recognition to reading speed in central and peripheral vision [J]. Vision Res, 2001, 41(6): 725-743.

[43] LIU N, YU R, ZHANG Y. Effects of Font Size, Stroke Width, and Character Complexity on the Legibility of Chinese Characters [J]. Human Factors and Ergonomics in Manufacturing & Service Industries, 2016, 26(3): 381-392.

[44] MCDOUGALL S, REPPA I, KULIK J, et al. What makes icons appealing? The role of processing fluency in predicting icon appeal in different task contexts [J]. Applied Ergonomics, 2016, 55: 156-172.

[45] WOLFE J M, ALVAREZ G A, ROSENHOLTZ R, et al. Visual search for arbitrary objects in real scenes [J]. Attention, Perception, & Psychophysics, 2011, 73: 1650-1671.

[46] WOLFE J M, V M L-H, EVANS K K, et al. Visual search in scenes involves selective and nonselective pathways [J]. Trends in cognitive sciences, 2011, 15(2): 77-84.

[47] NG A W Y, CHAN A H S, HO V W S. Comprehension by older people of medication information with or without supplementary pharmaceutical pictograms [J]. Applied Ergonomics, 2017, 58: 167-175.

[48] PAIVIO A. Dual coding theory: Retrospect and current status [J]. Canadian Journal of Psychology/Revue canadienne de psychologie, 1991, 45(3): 255.

第8章
移动数字产品适老化交互设计应用实例

8.1 "唠唠"老年人社交类APP设计

该产品定位为老年人社交类APP，包含多种手机功能的简化，主打老年人之间轻松便捷的社交功能，构造专属于老年人的线上社群。它的目标用户为渴望社交、有基本手机操作能力的老年人。

8.1.1 "唠唠"APP项目背景考察

（1）银发一组"乐"于上网

在设计之初，我们对120位60～70岁的老年人进行了问卷调查，调查结果显示，大约有68.2%的老年人每天使用手机的时间低于4小时。29.71%的老年人上网时间低于2小时，38.49%的老年人上网时间在2～4小时，25.80%的老年人上网时间在4～6小时。如图8-1所示。

（2）想要社交看世界

在老年人购买手机的理由中，

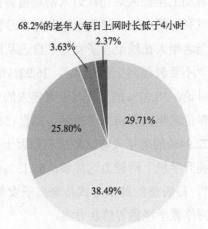

68.2%的老年人每日上网时长低于4小时

■ 0~2小时　■ 2~4小时　■ 4~6小时　■ 6~8小时　■ 8小时以上

图8-1 老年人上网时长调查

想要使用社交软件的占比最大。大部分老年人都听说微信特别好用,可以语音通话,方便和子女、朋友网络聊天。在老年人购买智能手机的理由中,"打电话、使用微信等社交软件"位列TOP 1,老年人渴望用新的通信工具与亲朋好友联系,以满足自身情感互动的精神需求。此外,获取信息、了解世界对老年人来说也十分重要,受身体机能限制,老年人无法随心所欲、说走就走,但足不出户不代表心灵闭塞,通过手机同样能"知晓天下事"。拍照美图和网上购物是老年人想要尝试的新鲜事物,而在短视频风靡的当下,刷短视频已然成为老年人消磨时间的主要休闲娱乐方式之一。

(3)学习生活两不误

老年人偏好使用手机来发展自身兴趣。随着智能手机的逐渐普及,老年人使用手机的频率逐渐提高,有部分老年人甚至成了网瘾老人。他们享受网上生活带来的便利生活和丰富的娱乐生活。老年人除了会使用智能手机进行聊天、看视频之外,还会利用移动互联网进行其他活动:比如他们学习如何做菜、跳广场舞和打太极;他们也会通过移动互联网帮子女投票、替朋友加油;甚至还会在线支付水电煤等生活费用,缴纳水、电、煤生活费用是老年人最常使用的手机功能之一。39.05%的老年人拥有手机后提升了办事效率,日常生活更加便捷。真的是学习生活两不误,老年人使用智能手机的深度和参与度也越来越强。

(4)手机难题谁解决

大部分老年人在使用手机过程中遇到困难会倾向于向子女寻求帮助,也希望开设手机使用课程帮助自己学习。虽然老年人已经习惯使用手机来获取信息,但摆在他们面前的现实问题是,对于信息的识别能力和判断力,他们比年轻人低很多。再加上年轻人对初次迈入网络世界的老年人缺乏耐心,对老年人的信息分享往往没有正面反馈,导致老年人对学习智能手机使用缺乏信心。

当老年人在线上与子女分享自己从网上获取的信息时,51.05%的子女提醒老年人"不要轻信网上的信息",26.92%的子女认为父母分享的信息有价值并一起进行讨论,18.97%的子女对于老年人的分享行为"没有反馈"。

多位老年人在访问中提到,当自己向子女请教手机使用方法时,子女不够耐心,72.94%的老年人将这种情况归因于"子女工作太忙",可以说是很体贴子女。对于提升手机上网能力这件事,65.13%的老年人最盼望的问题解决者是"子女和孙辈",最盼望的解决方式是来自子女的耐心教导,其次才是社区课程、老年大学、网络教学视频等解决方案。

(5)老年人使用手机的困难

通过对智能手机老年人新用户的问卷调查,我们发现老年人在智能手机使用的过程中普遍存在着较大的困难。综合来说，主要有以下几点：

①学习难度大。智能手机相对于物理按键手机来说，具有较大的设计跨度，因此很难和老年人先前的使用经验建立联系。老年人对于这些全新的使用方式感到无从下手，就会产生很大的畏难情绪。加上老年人生理机能的退化，认知能力和对新事物的接受能力都会降低。所以对于老年人来说，智能手机学习具有较大的障碍。

②引导少。现有的智能手机都是给年轻人设计的，所以在功能和布局设计上没有考虑到老年人的需求，缺乏对老年人在使用上的积极引导。老年人普遍感觉在使用中容易迷失，找不到方向。

③内容更新快。智能手机的迭代速度非常快，智能手机的软件也是每年在不断地迭代、更新。面对变化如此迅速的科技产品，老年人对新知识的吸收能力非常有限，所以智能手机的学习更加难上加难。

④字体不合适。现有智能手机的字体设计和字号设计是以年轻人为使用对象的，所以没有考虑到老年人视力下降的因素，字号普遍存在较小的问题。

（6）使用手机的好处

使用智能手机后，老年人对生活有了更多掌控感，他们认为智能手机搭建起了与子女的沟通桥梁，让自己免于"流浪"到互联网信息孤岛。通过调研显示，在家庭关系方面，过半老年人认同"智能手机的使用加强了和子女的沟通""密切了亲子关系"。

在"幸福一家人""家和万事兴""温暖的家"等家庭微信群中，是否回家吃饭、是否加班、想吃什么菜等生活信息得到迅速有效的沟通，显而易见，通过智能手机，家人之间快速完成了互相的信息交换，家庭微信群发挥出促进代际沟通的效果。

值得重视的是，本次调研也考察了智能手机在拓展老年人社交圈过程中发挥的作用，83.5%的老年人认同智能手机帮他们找到了更多朋友。子女和孙辈通过社交媒体与老年人互动，如点赞、评论等，与老年人的主观幸福感才是显著的正相关。这再一次提示了，在这个年轻人和老年人"数字鸿沟"加速扩大的时代，子女和孙辈多利用智能手机跟老年人沟通交流，有助于构建家庭和谐关系，提升老人生活幸福度。

8.1.2 "唠唠"APP用户画像分析

通过前期的用户调研，我们将本软件的用户群大致分为三类：老人、老人子女和相关的社区服务人员。通过总结和分析，对本产品的用户进行角色构建，形成了较为清晰的用户画像。

（1）第一类人群是独居老人

这一类人群通常是独自一人居住，居住地附近认识的人不多，社交需求无法满足，时常感到孤独。退休后没有事情做，每天都过得很茫然，感到自我价值的缺失。丧偶或者早年离异，进入老年后极度需要家人和朋友的关爱。对于智能手机的使用不擅长或者完全没有使用经验（图8-2）。

图8-2　用户画像分析——独居老人

（2）第二类人群是独居老人的子女

这一类人群通常是正值壮年，处于事业的上升期，上班忙碌，很少有时间回家陪伴父母，对此感到愧疚。也不能很好地指导父母使用智能手机，父母遇到手机使用困难的时候不能即时指导。因此非常希望有一款可以进行远程操作的软件，可以帮助父母即时解决使用难题。同时也能和社区人员进行有效沟通，通过第三方机构，实现对父母的远程照顾和关爱（图8-3）。

（3）第三类人群是社区工作人员

这一类人群承担了大量的社区服务工作，独居的老年人也需要他们更多的关注，但是时时上门查看费时费力，需要有一款软件可以提供对老年人的实时监测服务。同时也能和老年人的子女、老年人进行即时的沟通，根据老年人的需求提供周到的上门服务，如图8-4所示。

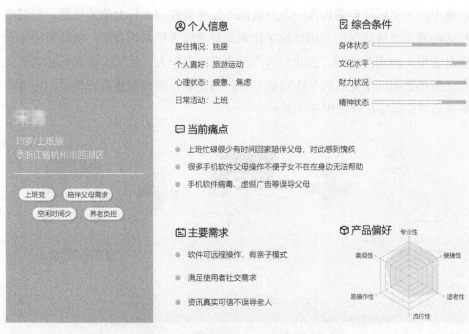

个人信息

居住情况: 独居

个人喜好: 旅游运动

心理状态: 疲惫、焦虑

日常活动: 上班

综合条件

身体状态

文化水平

财力状况

精神状态

当前痛点

- 上班忙碌很少有时间回家陪伴父母, 对此感到愧疚
- 很多手机软件父母操作不便子女不在在身边无法帮助
- 手机软件病毒、虚假广告等误导父母

主要需求

- 软件可远程操作, 有亲子模式
- 满足使用者社交需求
- 资讯真实可信不误导老人

产品偏好

专业性、便捷性、适老性、流行性、易操作性、美观性

35岁/上班族
浙江省杭州市西湖区

上班党　陪伴父母需求　空闲时间少　养老负担

图8-3　用户画像分析——独居老人的子女

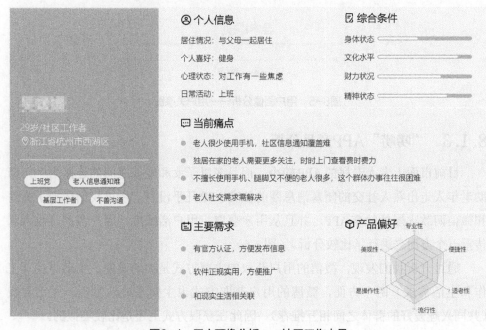

个人信息

居住情况: 与父母一起居住

个人喜好: 健身

心理状态: 对工作有一些焦虑

日常活动: 上班

综合条件

身体状态

文化水平

财力状况

精神状态

当前痛点

- 老人很少使用手机, 社区信息通知覆盖难
- 独居在家的老人需要更多关注, 时时上门查看费时费力
- 不擅长使用手机、腿脚又不便的老人很多, 这个群体办事往往很困难
- 老人社交需求需解决

主要需求

- 有官方认证, 方便发布信息
- 软件正规实用, 方便推广
- 和现实生活相关联

产品偏好

专业性、便捷性、适老性、流行性、易操作性、美观性

29岁/社区工作者
浙江省杭州市西湖区

上班党　老人信息通知难　基层工作者　不善沟通

图8-4　用户画像分析——社区工作人员

在数字化改革的大背景下，智慧养老和数字赋能的理念也已经逐渐渗透到康养产业中。为了解决养老过程中人力资源不足和最终端执行力差的问题，智慧养老社区的概念也应运而生，通过数字化来高效管理老年人的需求，依托数字化来实现对老年人的实时监测。因此，本产品力求在老年人、社区工作人员和老年人子女之间搭建起一个更有利于沟通的平台，同时辅以居家智慧监测设备，为老年人提供高效的数字化管理服务（图8-5）。

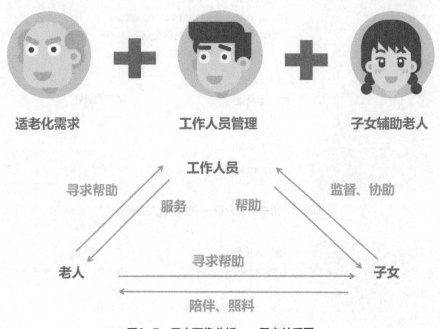

图8-5 用户画像分析——用户关系图

8.1.3 "唠唠"APP竞品分析

目前市面上老人专属的APP较少，而且多以子女和老人之间的连接为主，帮助老年人走出熟人社交的闭塞消息圈的社交APP几乎没有，所以我们选择了微博和微信两款火爆的社交APP，并且从用户获取、用户活跃度、用户留存、收入和传播五个方面来进行了比较分析。（图8-6）

通过分析我们发现，微信的用户获取的主要方式是被动发现、主动寻找（工作和生活需求）两个方面，微博的用户获取方式也主要是被动发现、主动寻找（共同兴趣爱好的群体之间相互推荐）。因此在获取方式上还是比较类似的。

在用户活跃度上微信的表现更佳，微信目前的用户数量是11.51亿，而微博的用户主要以年轻群体为主，数量为5.11亿。

用户获取	用户活跃	用户留存	收入	传播
被动发现，主动寻找工作生活需要而下载	用户数量：微信11.51亿	**群聊和通话** 组建高达500人的群聊和高达9人的实时视频聊天 **朋友圈** 与好友分享自我，记录自己的生活点滴	**付费表情包** 在表情商店购买付费表情包 **服务** 部分服务收取服务手续费 **游戏** 吸引用户，游戏内收费	**公众号、朋友圈、短视频等内容支持跨平台分享**
被动发现，主动寻找，同兴趣爱好群体互相安利	用户数量：微博5.11亿	**热搜榜** 呈现新鲜、热门、有料的热点 **用户动态** 明星、大V、喜爱的博主，加关注即可第一时间获取动态	**微博会员** 给个人用户提供一系列增值服务，为用户提供专属特权服务	**短视频、热搜榜、微博等内容支持跨平台分享**

图8-6 用户画像分析——老年人社交类APP竞品分析

在用户留存上，微信主要是通过群聊、通话、朋友圈三种方式来实现的，而微博主要是通过热搜榜、用户动态和私信的方式来实现。

在产品营收上，微信的主要收入来源是付费表情包、相关服务、游戏等，微博主要是通过会员来实现营收。

在传播方式上，微信主要是通过公众号、朋友圈、短视频等方式来进行传播，同时也支持跨平台分享。而微博主要是短视频、热搜榜、微博等方式来进行传播，同样也支持跨平台分享。

通过竞品分析可以帮助我们对产品设计的细节进行推敲，对产品的用户获取方式、用户活跃度、用户留存方式、收入方式和传播方式进行深入思考。在解决老年人适老化需求的同时，更好地解决产品可持续发展的问题。

8.1.4 "唠唠"APP的用户旅程地图

我们选取了城市老人生活的一个较为典型的小片段——参加社区集体活动来制作用户旅程地图。老人容易陷入信息闭塞、沟通不便的困境中，以此为出发点探讨老人的行动轨迹。我们整个旅程分为活动前（活动通知、人员动员和启程）、活动中（游玩中和返程通知）、活动后（添加好友和旅程分享）三个阶段。在这三个阶段中分别对用户目标、具体行为、接触点、情感波动和痛点进行分析（图8-7）。

在活动前，老年人会接到社区通知，并在子女帮助下了解活动，了解活动的老年人伙伴，根据自身情况选择是否参与。在这个过程中，老年人主要通过电话、手机短信和微信聊天来进行信息的接触和反馈。其中熟人不去、找不到路会对老年人产生较多的负面情绪，使其对活动产生抗拒。如果老年人能够使用智能手机，这些痛点就可以迎刃而解。

在活动中，老年人在工作人员的帮助下享受活动，因为是口述或者电话接收返程信息，可能会使老年人遗漏信息，所以如果有智能手机的帮助，就可以避免这种尴尬和不方便。

在活动后，老年人会和同行的老年人朋友交换联系方式，并且通过朋友圈发布自己的旅程经历。

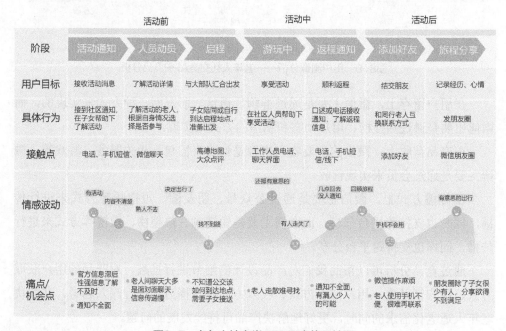

图8-7　老年人社交类APP用户旅程地图

8.1.5　"唠唠"APP的主要功能模块设计

我们从老年群体的需求入手，针对方便交流沟通和适老化这两大点展开具体的功能模块设计。针对老年人沟通交流的需求，专注交流模块的设计，在现有APP的基础上进行改良设计。针对适老化设计的需求，制定适合老年人认知需求的操作按键、图形和文字大小设计、布局设计等，同时减少不必要的内容（比如加入会员、广告和小游戏等），如表8-1所示。这样可以大大提高老年人操作的简便性，提升用户体验，让老年人爱上软件的操作。

表8-1 老年人社交类APP主要功能模块设计

模块	编号	作为	我可以……	以便于……
首页	A001	用户	看到我关注的人的动态	及时了解我关注的内容
	A002	用户	大数据推送我可能感兴趣的内容	发现更多兴趣内容
消息	A003	用户	和其他用户发消息	和其他用户交流
	A004	用户	选择/置顶联系人	更加方便快速的开启聊天
+	A005	用户	发布自己的内容	分享爱好和生活
	A006	用户	管理自己发布的内容	随时修改，使内容更准确
联系人	A007	用户	查找联系人	准确找到想联系的人
	A008	用户	打开子女帮助模式	子女帮忙操作手机
我的	A009	用户	修改个人信息	别人更易于发现自己
	A010	用户	退出登录	安全退出系统
	A011	用户	打开生活辅助功能	便捷手机功能使用

8.1.6 "唠唠"APP产品的低保真原型

我们在前期架构设计和草图设计的基础上，使用Adobe XD进行了低保真原型设计，完善细节。考虑到老年人的需求，在页面布局上尽量使内容简洁化，采用较大的字号（20px以上）和较大的图标（图标大小在36～72px之间）。强调了"关注者"时时提醒功能，让老年人不遗漏任何有效的信息。如图8-8所示。

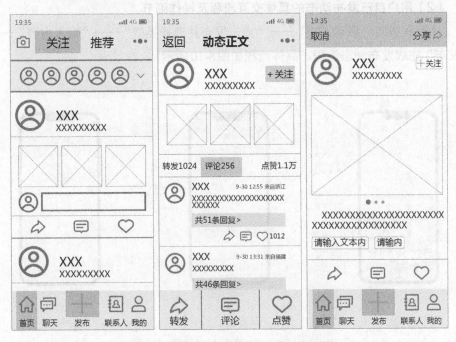

图8-8 老年人社交类APP的低保真原型

8.1.7 "唠唠"APP的交互流程

（1）用户首次使用APP时登录注册的具体交互流程及操作细节

本流程按照"启动APP"——"点击获取验证码／密码登录"——"选择感兴趣的内容"——"完成注册"完成注册流程，具体流程如图8-9所示。

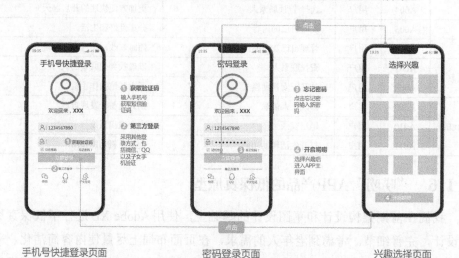

图8-9　首次使用APP时登录注册的具体交互流程

（2）用户自己发布动态的具体交互流程及操作细节

本流程按照"启动APP"——"点击发布并选择类型"——"输入内容"——"发布"完成发布动态流程，具体流程如图8-10所示。

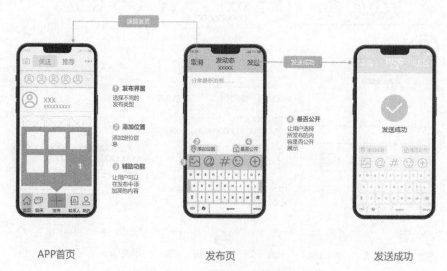

图8-10　用户自己发布动态的具体交互流程

（3）用户根据关键词进行动态搜索的具体交互流程及操作细节

本流程按照"启动APP"——"进入推荐页"——"在搜索栏输入关键词"——"查看相关动态"完成关键词动态搜索流程，具体流程如图8-11所示。

图8-11　用户根据关键词进行动态搜索的具体交互流程

（4）用户与用户之间进行聊天的具体交互流程及操作细节

本流程按照"启动APP"——"点击聊天进入聊天页"——"点击选择用户"——"进行聊天"完成用户之间聊天的流程，具体流程如图8-12所示。为了方便老年人对关键功能进行正确的选择，输入环节接入了语音输入，取消和确认键都采用较大的36px图标和20px字体。聊天辅助功能图标也采用了较大的36px图标，方便老年人进行信息搜索。

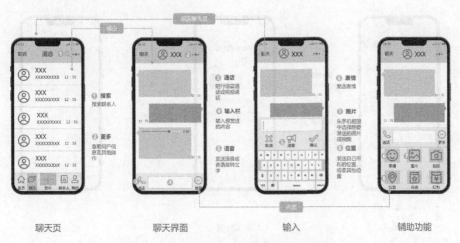

图8-12　用户间进行聊天的具体交互流程

（5）用户创建群聊的具体交互流程及操作细节

本流程按照"启动APP"——"点击聊天进入聊天页"——"发起群聊"——"创建群聊"完成用户创建群聊的流程，具体流程如图8-13所示。

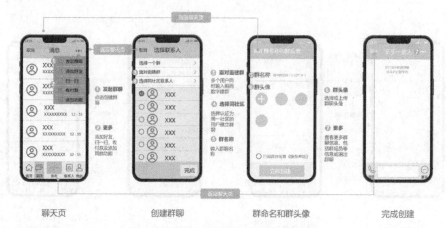

聊天页　　　　　创建群聊　　　　　群命名和群头像　　　　　完成创建

图8-13　用户创建群聊的具体交互流程

（6）用户修改字体大小的具体交互流程及操作细节

本流程按照"启动APP"——"进入'我的'进行字体设置"——"选择字体"——"修改成功"完成修改流程，具体流程如图8-14所示。为了方便老年人按需进行适老化的调整，本产品在页面右上角设计了"字体大小调节"的快捷折叠按钮，老年人点开按钮后，通过较为明确的"小、中、大"三个按钮来进行选择，而不是以往给年轻人设计的滑动按钮，这样的按钮设计能够给老年人更加直接的视觉感受。

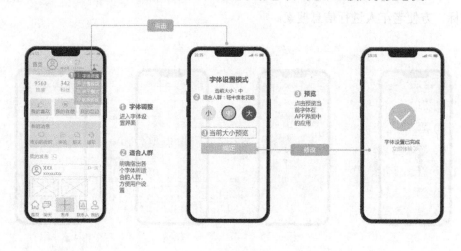

字体调整　　　　　　　字体设置　　　　　　　修改成功

图8-14　用户修改字体大小的具体交互流程

8.1.8 "唠唠"APP高保真界面综合展示

通过对社交类软件及老年人用户群体的综合调研，确定较大的字体设置和蓝橘色相间的配色。如图8-15～图8-18所示。

图8-15　老年人社交类APP高保真界面综合展示1

图8-16　老年人社交类APP高保真界面综合展示2

图8-17　老年人社交类APP高保真界面综合展示3

图8-18　老年人社交类APP高保真界面综合展示4

8.1.9　"唠唠"APP高保真界面细节设计及相关创新点说明

在APP标签栏分别设置了"首页、聊天、发布、联系人、我的"作为产品的主要功能键。导航栏下展示好友动态信息，下拉可查看更多内容，点击头像可快速跳转。动态详情是在首页点击动态进入此页，可以看到包括评论、点赞、转发等其他信息。推荐页是通过大数据对比推荐近期热门动态和用户可能感兴趣的内容,如图8-19所示。

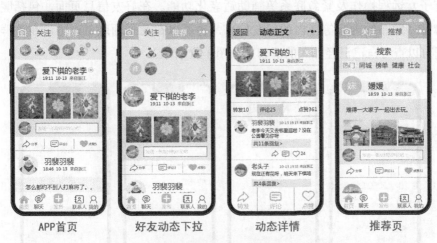

| APP首页 | 好友动态下拉 | 动态详情 | 推荐页 |

图8-19 高保真界面设计及相关创新点说明1

在搜索栏的设计中,可以进行关键词搜索,此外包括最近搜索、热搜词、猜你喜欢、近期热点等辅助引导功能。老年人智能手机使用经验不足,对搜索栏的辅助引导功能进行深度适老化设计是很有必要的。在发布动态的页面中,可以发布包括文字、图片、@、表情等内容在内的动态。在聊天页面中,用户间可以进行聊天,并且保存了和每个用户的聊天记录,此外还有创建群聊、添加好友等辅助功能。在创建群聊页面,相比微信的建群功能更加简化,可以选择好友进行群创建,也可以选择群添加好友、面对面建群、同社区建群等不同方式,如图8-20所示。

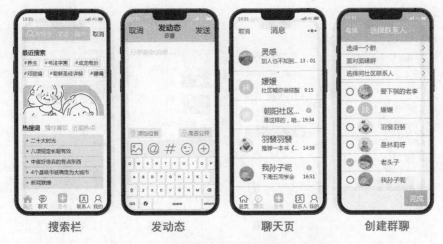

| 搜索栏 | 发动态 | 聊天页 | 创建群聊 |

图8-20 高保真界面设计及相关创新点说明2

在"联系人"页面，包含了好友、群聊、关注的公众号在内的用户，此外还具有子女远程操作及紧急联系等辅助适老化功能。在好友信息页面，包括昵称、唠唠号、发布的内容等在内的好友信息，也可以在此页面联系对方。在"群聊"页面可以查看自己已经加入的群聊。如图8-21所示。

联系人页　　　　好友信息　　　　好友备注　　　　群聊

图8-21　高保真界面设计及相关创新点说明3

在"我的"页面中，包括用户热度、粉丝、关注者等信息，此外还有用户所收到的消息。在"字体设置"页面，用户可以修改APP的字体大小，选择可以预览后确定，并且采用了老年人更加容易识别的单独按钮式图标，对于用户选中的按钮，采用识别度较高的橘色线圈来表示。在"我的喜欢"页面中，收录了用户喜欢的内容，包括收录时间和数量，并且用图片来表示缩略图，更加方便用户查找。如图8-22所示。

我的　　　　字体设置　　　　我的收藏　　　　我的喜欢

图8-22　高保真界面设计及相关创新点说明4

8.2 "乐陪"老年人康养助手APP设计

在数字中国建设的引领下，数字生活逐渐走进每个人的衣食住行，人们越来越感受到数字生活带来的便利和快捷。与此同时，老年人不应该成为数字生活的受害者，让他们困在数字围城中。我们应该用数字手段解决老年人的养老难题，帮助他们获取数字经济的红利。"乐陪"老年人生活助手类APP就是在这样的设想下展开的。该项目瞄准老年人生活中亟须解决的问题，基于数字化背景来提出有效的解决方案，让老年人能获取更多的互联网资源。

8.2.1 "乐陪"APP项目背景考察

（1）主流互联网应用亟须深度适老化改造

在设计之初，我们对136位60岁以上的老年人进行了深度访谈和问卷调查。对于老年人生活类APP的数字化改造和设计进行了深入洞察，同时进一步了解了老年人的需求。

总的来说，目前市场上的生活类APP也做了一些适老化改造，主要围绕"大字体、减少广告、简化操作、大图标、人工客服"这个五个需求展开。但是结合调研结果，目前很多主流APP的适老化改造都流于表面，还有进一步提升的空间。对于一些中年人用户比较集中的APP，可以提升的空间反而更大。因为这部分APP使用人群范围较广，主要面向年轻人群体，并没有从深层次去考虑老年人的需求。

移动互联网应用（APP）的适老化改造始于2020年，数字化改革导致老龄化人群的移动互联网使用需求呈现了爆发式增长。通过3年的努力，我国已经基本完成了主流APP的适老化改造。这次改造对于推进全领域的适老化改造具有积极的意义，主流的互联网应用能够关注老年人群，并且提出一些有建设性的改造措施，这对中国数字适老化进程的推进具有很强的示范作用。随着中老年人群触网数量的增多及互联网使用水平的提升，相比年轻人，更加有钱有闲的中老年用户的价值将被更多互联网公司注意到，主流APP适老化改造的态度将更加积极。

（2）精细化数字适老化孕育而生

在数字化和老龄化交织的过程中，还有很多老年人没有享受到数字技术带来的便利，被困在数字围城中。比如，老人想去超市买菜，却需要扫码才能通行；在线挂号可以预约就诊时间和减少等候时间，但是老年人却不知道如何操作；等等。

正是基于这种原因，工业和信息化部印发《互联网应用适老化及无障碍改造专项行动方案》，并列出APP适老化改造名单，决定自2021年1月起，在全国范围内组织开展为期一年的互联网应用适老化及无障碍改造专项行动。

"北京大妈有话说"作为行业中较为领先的老年人流量平台，联合财经媒体《经济观察报》和《现代广告》杂志，通过问卷调查、访谈、大数据挖掘等方式进行调研，对移动互联网应用(APP)适老化改造进行了系统的调研，形成了移动互联网应用(APP)适老化改造调研报告[1]。

这里我们引用其中的一些数据作为此项目的背景考察线索。报告指出，老年人群的触网场景主要集中在社交通信、新闻资讯、生活购物娱乐这三类APP中，这三类APP使用频率最高[1]，如图8-23所示。

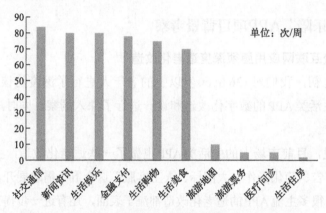

图8-23　50后~70后老年人使用APP频次之行业Top10

微信、今日头条、抖音这三种APP成为了50后~70后中老年使用频率最高的APP[1]，如图8-24所示。这也表明中老年群体对于社交通信、娱乐资讯有强烈的需求，资讯类APP的适老化改造刻不容缓。

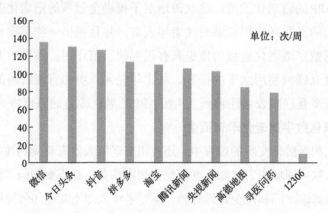

图8-24　50后~70后老年人使用APP频次之类型Top10

在针对中老年群体的APP满意度调查中，支付宝、微信、滴滴出行、12306、百度等10个APP的满意度较高，因为这些APP已经做了一些适老化的改造，比如字体和图标得到放大、功能简明、过滤广告、语音识别、安全系数高等。微信适老化改造案例如图8-25所示。

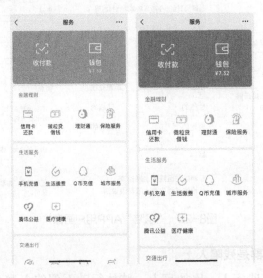

图8-25　微信适老化改造案例

那么，这些APP的适老化改造究竟能不能满足老年人的需求？老年群体对这类APP还有哪些亟须解决的问题？调研结果显示，最让老年人头疼的五个难题是，医院挂号、银行业务办理、购买车票（机票、火车票）、扫码支付、线上缴费等。这些都与老年人的日常生活息息相关，解决这些问题就能极大地提高老年人群体的数字生活质量。因此设计师在进行适老化改造时，要先洞悉老年用户的需求，注重功能上的精细化调整。唯有如此，老年人才不会对新技术望而生畏，真正帮助老人跨越"数字鸿沟"。

结合相关调研结果，本项目选择在老年人关注度较高的"就医"场景中展开项目设计，是符合当前的适老化改造中精细化的需求的。

8.2.2　"乐陪"APP用户画像分析

（1）第一类人群是独居老人

这一类人群是独居老人，因为生病需要去医院就医，子女工作比较忙，不能陪伴就医的整个过程。这样的老年人通常普通话不标准，无法和医生说清楚病情，而且由于年龄较大，视觉能力也较弱，行为缓慢，所以非常需要看病过程中有人陪护。如图8-26所示。

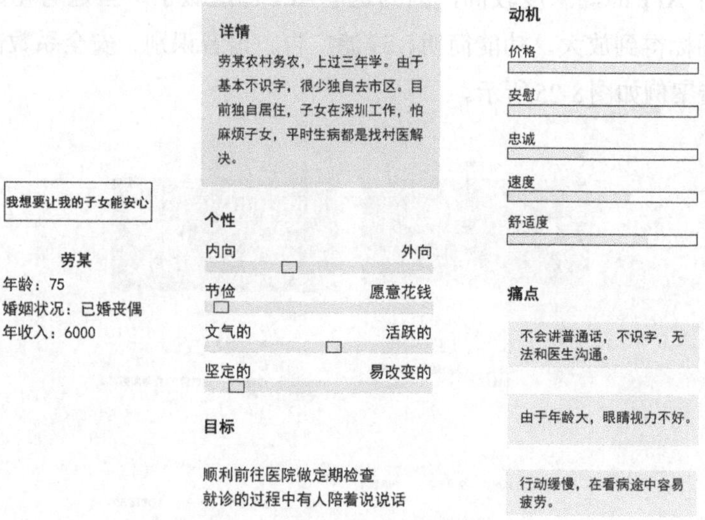

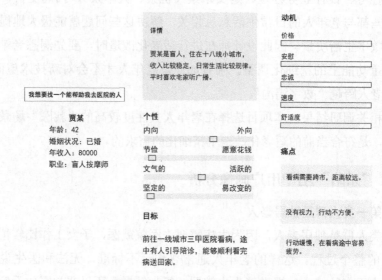

详情

劳某农村务农，上过三年学。由于基本不识字，很少独自去市区。目前独自居住，子女在深圳工作，怕麻烦子女，平时生病都是找村医解决。

我想要让我的子女能安心

劳某

年龄：75
婚姻状况：已婚丧偶
年收入：6000

个性

内向 —— 外向
节俭 —— 愿意花钱
文气的 —— 活跃的
坚定的 —— 易改变的

目标

顺利前往医院做定期检查
就诊的过程中有人陪着说说话

动机

价格
安慰
忠诚
速度
舒适度

痛点

不会讲普通话，不识字，无法和医生沟通。

由于年龄大，眼睛视力不好。

行动缓慢，在看病途中容易疲劳。

图8-26 "乐陪"APP用户画像1

（2）第二类人群是残障人士

这一类人群是残疾人，比如盲人、肢体行动不便的人群，无法自己独立出门，医院地形和楼层情况复杂，去医院更需要有人陪护。当这类人群需要远距离出门，特别去一些大城市看病，出行距离较远时，行动非常不方便，整个看病的过程也比较艰难，没有人陪护根本寸步难行。如图8-27所示。

详情

贾某是盲人，住在十八线小城市，收入比较稳定，日常生活比较规律。平时喜欢宅家听广播。

我想要找一个能帮助我去医院的人

贾某

年龄：42
婚姻状况：已婚
年收入：80000
职业：盲人按摩师

个性

内向 —— 外向
节俭 —— 愿意花钱
文气的 —— 活跃的
坚定的 —— 易改变的

目标

前往一线城市三甲医院看病，途中有人引导陪诊，能够顺利看完病送回家。

动机

价格
安慰
忠诚
速度
舒适度

痛点

看病需要跨市，距离较远。

没有视力，行动不方便。

行动缓慢，在看病途中容易疲劳。

图8-27 "乐陪"APP用户画像2

本项目的人群细分，在设计之初并没有单独考虑老年人的需求，而是把相关人群的类似需求纳入了设计范畴。在兼顾更广的社会影响力的同时，也要满足老年用户的需求。

（3）第三类人群是有特殊需求的人士

这一类人群是有特殊需求的病人，比如孕产妇、危重疾病的病人等，自己独立出门时需要更好的照顾和陪伴。医院地形和楼层情况复杂，病人比较容易摔倒。病人情绪不稳定，更需要陪护。如图8-28所示。

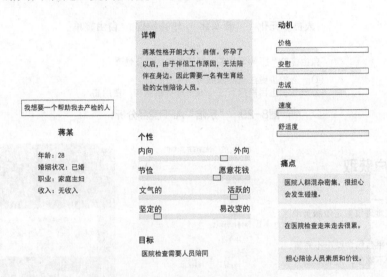

图8-28 "乐陪"APP用户画像3

8.2.3 "乐陪"APP竞品分析

目前市面上和本项目类似的产品较少，我们选取了"优享"和"一号护工"来进行竞品分析，如图8-29所示，与本项目相似度60%左右。

其中"优享"的服务特点在于陪诊人员更加专业，为医院的医生护士（医院的闲置人员），但是"优享"陪护人员较少、费用高、使用麻烦，平台效率低。

"一号护工"采用自由接单的形式，人员多元化、灵活度高、普及性强。它目前更加注重家居服务、专业护理。"一号护工"目前只有在三个城市提供服务，费用同样也比较高。

在用户获取方式上，通过"地理位置定位服务地区"的获取方式还不够完善，因为两个平台包含的城市较少，用户不够多，没有形成全国的普及化，如图8-30所示。在通过"需求筛选服务"的获取方式中，"优享"服务单一，主要是

| 医院闲置人员 | 专业化 | 陪诊 | 定点接单 |

①优享亮点在于陪诊人员更加专业，为医院的医生护士
②优享服务人员少，费用高，使用麻烦，平台效率慢

| 人员多元化 | 普及化 | 培诊护理 | 自由接单 |

自由接单，服务人员多，灵活度高，普及性强
①一号护工更注重居家服务，专业护理
②一号护工目前只有三个城市能提供服务，费用高

图8-29　"乐陪"APP竞品分析1

用户获取

入口一
通过地理位置定位服务地区

两个平台包含城市不完善，
用户不够多，没有形成全
国化普及

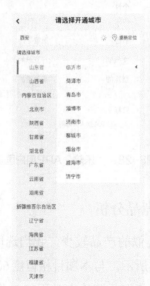

图8-30　"乐陪"APP竞品分析2

陪诊和院内护理，信息排列简单，不能给用户带来安全感。"护工一号"服务分类比较多，更加专业化，价格合理，易于培养VIP用户，但是陪诊服务较少，如图8-31所示。

　　在"用户分类"中，分类越多越有利于用户根据自身情况找到合适的服务，同时使用户感觉平台更加专业、用心和可靠，如图8-32所示。"护工一号"的分类较为精细，比较能满足用户的需求。

用户获取

入口二
通过需求筛选服务

优享:
服务单一，主要为陪诊和院内
护理
信息排列简单，不能给用户带
来安全感

一号护工:
服务分类比较多，更加专业化，
还有价格分类，易于培养vip
用户，陪诊服务很少

图8-31 "乐陪"APP竞品分析3

用户获取

入口三 用户分类

分类越多更有利于用户根据
自身情况找到合适服务，同
时使用户感觉平台更加专业
用心可靠

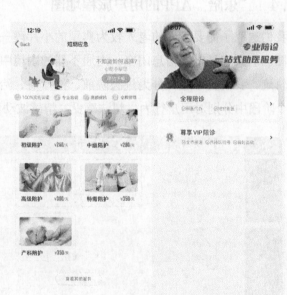

图8-32 "乐陪"APP竞品分析4

在"支付后的反馈"中，这两款软件都通过支付反馈来提高用户的粘性，如
图8-33所示。"护工一号"通过显示陪诊护理等信息和护理人资料等，加深用户
的好奇和感知，这样可以提高用户的期待。"优享"强调用户购买到的服务，让
用户想象得到服务的满足感，使用户产生依赖。

入口四 支付后的反馈

提高期待：显示陪诊护理等信息，以及护理人资料，加深用户的好奇和感知

加大粘性：强调用户购买到的服务，想象得到服务的满足感，使用户产生依赖

图8-33 "乐陪"APP竞品分析5

8.2.4 "乐陪"APP的用户旅程地图

我们选取了需要陪诊的老人较为典型的小片段——陪诊活动，来制作用户旅程地图。老人容易陷入信息闭塞、沟通不便的困境中，以此为出发点探讨老人的行动轨迹。我们整个旅程分为进医院前、治疗前、治疗中、治疗后四个阶段。在这四个阶段中分别对用户行为、想法感受、情感波动和痛点进行分析（图8-34）。

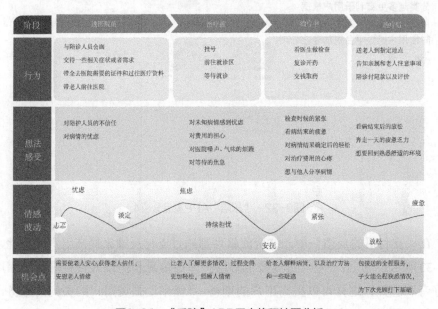

图8-34 "乐陪"APP用户旅程地图分析

在进医院前，老年人浏览陪诊人员信息，进行网上下单。订单确认后，陪诊人员与老年人会面，老年人交代一些相关症状或者相关需求，根据陪诊人员的提示带好所需的证件和病历。

老年人可能会对陪护人员不够信任，对自己的病情产生较多的忧虑，这时候也会产生较多的痛点。陪护人员需要使老人安心，获得老人的信任，安慰老人情绪。特别是APP上对于陪护人员较为全面的展示，会为老年人带来更多的信任感。

在治疗前，陪诊人员需要陪同老年人挂号、前往就诊区、等待就诊。这段时间中老年人会对未知的病情感到忧虑，对费用感到担心，但医院嘈杂的环境会使人感到烦躁，整个等待过程中很容易产生焦虑的情绪。这个时候让老人多了解一些相关情况，整个过程会变得更加轻松。

在治疗过程中，老年人需要配合医生做一些检查，陪诊人员要时刻关注老年人的表达，有表达不清楚的地方要及时沟通，结账和取药环节也需要等待，但是相对前面的等待时间来说，已经较为轻松。在这里可以增加一些电子病例的管理环节，把老年人的病情及时做电子输入处理（比如病例照片和病情描述等），陪诊人员及时记录医嘱，方便下次看病时能和医生更好地沟通。同时也可以对一些医疗费用进行电子记账，方便老年人及其子女做最终的结算。对于一些老年人常见疾病和注意事项也可以在APP进行查询，方便老年人了解自己的病情，缓解焦虑情绪。但是危重疑难病例不提供信息查询，以免引起老年人不必要的恐慌和焦虑。

在治疗后，陪诊人员要按时把老年人送到指定的地点，告知亲属和老人相关注意事项，并在APP上做好电子记录。由预约人支付尾款和评价，网络评价和反馈能给用户提供周到的服务，并且让老年人及其子女产生信任感，为提升用户粘性打下一定的基础。

8.2.5　"乐陪"APP的主要功能模块设计

我们从老年群体的陪诊和护理需求入手，针对方便老年人找到合适的陪诊和护理人员这两大点展开具体的功能模块的设计。针对老年人陪诊的需求，专注陪诊和护理功能模块的流程设计，在现有APP的基础上进行改良设计。针对适老化设计的需求，制定适合老年人认知需求的操作按键、图形和文字大小设计、布局设计等，同时减少不必要的内容（比如加入会员、广告和小游戏等）。这样可以大大提高老年人操作的简便性，提升用户体验，让老年人爱上软件的操作。

8.2.6 "乐陪"APP的低保真原型

在前期架构设计和草图设计的基础上，使用Adobe XD进行了低保真原型的设计，完善细节。考虑到老年人的需求，在页面布局上尽量使内容简洁化，采用较大的字号和较大的图标。对"陪诊"和"护理"功能的进行流程简化设计，让老年人方便操作，如图8-35所示。同时也设计了子女代操作功能。

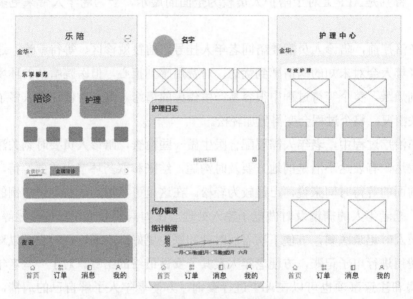

图8-35 "乐陪"APP低保真原型设计

8.2.7 "乐陪"APP的高保真原型细节设计及相关创新点说明

在APP底部导航栏分别设置了"首页、订单、消息、我的"为产品的主要功能键。将陪诊和护理放在首页面的上半部分，放大了图标的尺寸，采用视觉显著性较高的颜色，视觉显示上较为醒目，方便老年人找到这两个关键的功能图标。首页中下部分有医生信息展示，方便老年人对相关医生信息进行搜索。对于一些不常用的功能图标，在页面布局上就进行了弱化处理，虽然能找到，但是不是处于醒目重要的位置。这样的适老化设计充分考虑了老年人的视觉需求。

进入陪诊页面之后，对于老年人不太熟悉的科室采用了具象图形来进行表示，这样能和老年人的先前知识积累相对应，方便老年人理解较为生涩的医学名词。

在搜索页面中，为老年用户提供更多的快捷输入提示。将这些提示分为历史搜索和常见搜索，方便老年人进行页面信息的视觉搜索时，能快速找到相关搜索关键词。如图8-36所示。

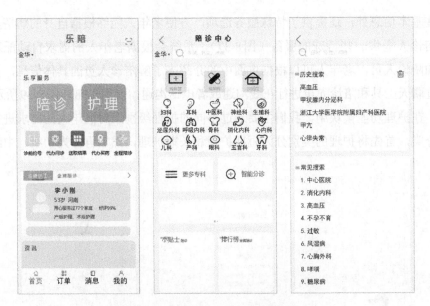

图8-36 "乐陪"APP高保真原型设计1

如图8-36所示，对一些关键按钮通过颜色来区分，使得老年人能快速通过色彩找到相应的信息。在搜索医院的过程中，根据老年人的居住位置，按照距离远近来进行相关医院的排序，方便老年人就近就医。同时也提供多种排序选择，比如有"按挂号量排序""按医院级别排序""按医生职称排序""按距离排序"，方便老年人根据自身的需求来选择合适的医院（图8-37）。在填写订单页面，除了

图8-37 "乐陪"APP高保真原型设计2

一些基本信息外，还提供了特殊服务选项，方便老年人能够根据自身的病情，要求陪诊人提供一些特殊的服务（图8-37）。系统会根据老年人的需求自动配对相应的陪诊人员，老年人可以根据页面中的介绍来了解陪诊人员的具体信息，并且通过聊天工具和陪诊人员进行在线沟通或者电话沟通，如图8-38和图8-39所示。

在护理功能模块中，我们主要通过不同的护理级别来对老年人的需求进行一个分类，首先将护理的类别分为短期护理和长期护理，然后再分为初级、中级和

图8-38　"乐陪"APP高保真原型设计3

图8-39　"乐陪"APP高保真原型设计4

高级，这样方便我们提供精准的护理服务，方便老年人和护理人员之间形成信息对称，能够进行有效沟通。如图8-40所示。

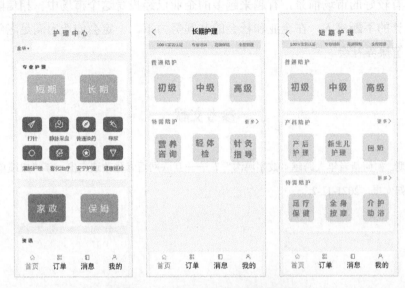

图8-40　"乐陪"APP高保真原型设计5

对于陪诊人员来说，也有护理日志和数据统计、代办事项提醒等。因为这款软件针对的不仅仅是老年人本身，也需要陪诊人员为老年人提供更好的服务，这些规划和提醒功能都能帮助陪诊人员更好地工作（如图8-41所示）。

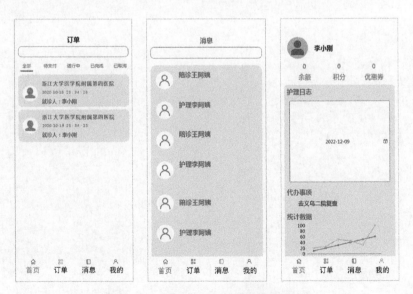

图8-41　"乐陪"APP高保真原型设计6

这款软件从老年人亟须的陪诊和护理需求出发，是一款从消费市场角度考虑的适老化产品，而不是仅仅从设计的角度。通过前期调研，我们发现老年人康养产品具有较好的市场前景，有越来越多的企业已经投身这个市场中。相信随着适老化设计的不断深入，在企业和社会的共同努力下，一定会创造出满足老年人需求的数智康养社会。

参考文献

[1] 韩亚聪. 如何帮老年人跨越"数字鸿沟"？——互联网适老化改造交出一年"成绩单" [N].
　　中国妇女报，2021-11-2.

第9章
移动数字产品数字
适老化交互设计对策研究

数字技术适老化既是践行数字中国战略的重要举措，也是应对人口老龄化问题的切实需要。党的十九届五中全会将积极应对人口老龄化确定为国家战略。与此同时，数字中国建设正在如火如荼地展开。2023年2月27日，中共中央、国务院印发了《数字中国建设整体布局规划》，提出"建设数字中国是数字时代推进中国式现代化的重要引擎"。2021年，浙江省勇立改革潮头，在全国率先进行了着眼全局、布局未来的数字化改革，成为了数字中国建设的先行者。当"数字化"遇上"老龄化"，浙江省应该如何推进数字技术适老化，建设兼顾老年人需求的智慧社会，让老年人共享数字红利，是当下亟待解决的重要问题。

9.1 敢为人先，数字技术适老化的浙江经验

（1）以制善老，完善数字技术适老化政策体系

任何社会问题的解决都离不开政策面的顶层设计，数字技术适老化必须要有全面的政策保障，才能有效、持续地推动下去。一是立足"浙里"的宏观政策。2021年，浙江省立足本省数字技术适老化滞后的现状，制定出台了《浙江省切实解决老年人运用智能技术困难实施方案》，围绕老年人出行、就医、消费等高频事项和服务场景，推进数字适老化改造。二是立足各部门自身职责的配套措施。

各个政府职能部门要结合自身的特点，提供相应的适老化配套措施，构建全领域的数字技术适老化。浙江省教育厅开展了老年人智能技术日常应用普及行动；浙江省通信管理局持续组织省内基础运营企业和主要互联网企业带头进行适老化技术改造；中国工商银行浙江省分行也大力推进智能自助设备适老化改造。三是着眼未来的数字适老长效机制。浙江大学联合阿里巴巴集团制定信息无障碍国家标准——《信息技术 互联网内容无障碍可访问性技术要求与测试方法》。2021年3月开始实施的《浙江省数字经济促进条例》，更是从立法层面推进了数字适老化在智慧康养产业的应用。

（2）以实触老，消除老年人数字技术接入障碍

数字技术适老化的前提是老年人能够无障碍获得数字产品和服务，但不少老年人却因为经济问题或自卑心理，对数字技术望而却步。有效降低老年人数字接入的门槛，让老年人"用得上、放心用"才是解决数字鸿沟问题的起点。一是让数字产品可触可及。浙江省基础电信运营企业针对老年人群体，简化业务办理流程，通过线上办理、电话办理、上门办理等定制化服务，提升电信运营企业的适老化服务水平。浙江移动推出"一键进入"电话服务，截至2021年6月底，累计221万人次的65岁及以上的客户获得了便捷的人工咨询服务。浙江电信发布了"114语音门户"，专门针对老年人日常应用的高频场景，提供简单便捷、安全可靠的适老化服务。二是让老年人用得起。省内三大电信运营商针对老年人群体推出专属资费优惠套餐。2021年，浙江省三大电信运营商累计服务残疾人、老年人超过10万，累计减免金额超过8千万元。三是让老年人敢用想用。通过科普培训，让数字技术"下沉"到老年人中去。2021年，宁波市设置了271个线下教学点对老年人进行智能手机操作培训，对于不方便去教学点的学员，还有送教上门的服务或者通过"宁波智惠通"教学APP居家自学。从2022～2025年，浙江省计划通过线上线下相结合的方式，对全省老年人进行200万人次以上的智能手机应用科普培训，切实提高老年人智能技术应用能力。

（3）以需适老，提升数字产品适老化用户体验

数字技术适老化要关注老年人的核心数字需求，让他们体验到网络支付的快捷、线上就医的便捷、数字通信的迅捷。一是小切口解决关键问题。在出行、就医、消费等高频服务场景中进行关键功能的适老化改造，使其符合老年人的认知特征。2021年3月，"浙里办"发布预约挂号"关怀版"，为老年用户提供更简约、更便捷的预约挂号服务。浙江省预约诊疗服务平台还开通了"亲情账号"功能，支持子女替父母远程挂号。二是数字公共服务适老化提速。政务服务APP"浙里办"推出了"长辈版"，提供1000余项大字版适老服务功能。浙江省人民政府门户网站和浙江政务服务网也提供了老年模式，通过语音播报、大字版等形式提升老年人的用户体验。如图9-1所示。三是主要互联网企业发挥适老化改造示范效应。互联网龙头企业的产品高度关注数字生活中的高频场景和服务，抓住龙头企业的适老化改造可以做到事半功倍的效果。2022年1月，浙江省内互联网龙头企业旗下的淘宝、闲鱼、微医、咪咕阅读四款APP率先完成适老化改造，并成为典型案例。截至2023年3月，阿里巴巴旗下15款APP已经完成信息无障碍改造，为老年人们提供更加便捷、舒心的服务。

图9-1　浙里办APP数字适老化设计

（4）以数惠老，构建数字化康养服务体系

数字技术在老年人健康管理、远程诊疗、居家照护等方面的作用已经日渐突显，打好"数字技术"这张牌，助力养老事业，能让老年人充分感受到数字科技带来的幸福感。一是全方位的数字化安全守护。2021年，浙江省杭州市萧山区就给独居老人安装了"安居守护四件套"。通过智能设备采集烟雾浓度、燃气浓度、门磁开关次数与时间等数据，借助大数据和人工智能算法，构建告警预警模型，精准识别36种突发状况，保障老人居家安全。二是精准的数字化健康监测。2023年2月，丽水龙泉市依托已有的"浙丽乡村好医"医疗健康应用体系，让家庭医生线上监测老人的血压、血糖和血氧饱和度，发现数据异常时便能及时介入跟踪随访。三是高质量的数字化养老服务。浙江省民政系统从2021年开始通过打造"浙里养"智慧养老服务平台等数字化举措，有效助推全省养老服务智慧化水平不断提升。杭州市西湖区更是不断深化"一键养老"应用场景，实现数字养老服务触手可及，成为全省未来社区"智慧养老"标准化模板。嘉兴市嘉善县搭建多部门数据融合的"颐养智享"数字化平台，为全县11.8万名老年人精准预约保洁、护理、助餐等多种养老服务。

（5）以智创新，丰富智慧康养产品和服务的种类

数字创新的核心是产品力，只有不断推出贴合老年人需求、解决老年人困难的智慧康养产品和服务，才能从根本上解决人口老龄化带来的养老危机。数字创新必须结合老年人生活场景，落到实处。一是围绕居家养老的智慧康养产品和服务的创新。永康市关注老年人居家养老困难，积极推进居家康养照护床位数字化应用场景建设，推动智慧养老资源和社区对接。嘉兴市的麒盛科技股份有限公司融合"康养护"概念，研发了智慧照料产品——麒盛科技智能床。它能监测老年人的各项身体数据，还能将健康报告及时发送至其子女的手机上。二是围绕医养结合的智慧康养产品和服务的创新。义乌市后宅街道北站康养中心就配备了护理设备、作业疗法设备，并且和社区卫生服务中心共用康复医疗资源。康养中心室外还配备了适老化智能康复健身器材，让老年人健身更放心。三是跨界融合，不断拓展智慧康养产品和服务的应用场景。通过整合创新，将数字技术融入老年人生活的方方面面，才能打开智慧养老的新篇章。2022年9月，杭州市老年智慧助餐服务提升行动正式启动，拱墅区首批就有21家智慧助餐老年食堂进入试点名单，老年人在社区中就能享受到智慧助餐服务。

（6）以教防危，降低老年人数字安全风险

老年人触网时间短、信息技能生疏、应变能力差，使得数字技术适老化同样也面临一定的安全风险。为了防止老年人落入"数字陷阱，"加强老年人数字安全教育任重道远。一是加强数字安全宣教工作，提升老年人数字素养。通过线上线下结合的方式，全方位、多渠道推进老年人数字安全的宣传和教育工作。招商银行杭州分行，聚焦老年人群体，利用新媒体制作微视频和微信长图，普及数字安全知识。湖州市长兴县泗安社区教育中心走进初康村文化礼堂，开展"银龄慧"线下通识课程——老年人手机防诈骗知识讲座。二是加强监管和发挥社会治理作用。2021年初，支付宝发起了"蓝马甲"公益志愿者行动，主要针对老年人做数字助老教学和防骗知识普及。2022年6月，绍兴市民政部门以数字化监管平台为抓手，平台化管理养老服务机构的数字化服务，全过程综合监管，有效降低了老年人数字安全风险。

9.2 协同共进，持续推进数字技术适老化的对策建议

预计到2025年，浙江省60岁以上老龄人口将达1500万，占比28%左右。面对越来越严峻的人口老龄化问题，需要全社会协同共进，建立长效发展机制，推进数字技术适老化产业持续发展。

（1）加快新一代数字技术的应用转化

一是以适老化为核心，加速新技术在适老产业中的应用转化。不断拓展人工智能、云计算、5G、大数据等数字技术在相关产业中应用的深度和广度，凸显数字技术在老年人认知辅助和智慧康养产品中的赋能作用。二是以适老化为桥梁，促进融合创新。加强新数字技术和传统产业的融合创新，不断拓展传统养老模式和养老服务的数字化改造空间。三是以适老化为契机，发展银发经济。提升新数字技术企业对于老年人群体的关注度，撬动银发经济的新引擎。

（2）持续深化数字产品的适老化改造

一是以点带面。从互联网应用程序的局部功能改造逐渐过渡到产品全生命周期改造，从头部互联网企业示范改造到全网改造，从针对公共卫生突发事件的突击改造到针对民生的持续改造。二是与时俱进。不断改进和完善数字产品适老化通用设计规范，积极推进重点企业结合自身特点进行创新性适老化改造。三是考评结合。既要树立行业标杆，对优秀案例和重点研发企业给予奖励和政策优惠，又要强化行业规范，加强中小企业的标准化适老化改造。

（3）加大适老化数字新产品和新服务的供给

一是不断挖掘老年人数字适老化产品的需求，整合创新。多场景、多维度、全领域纵深开发新产品和新服务，系统化、全方位构建老年人智慧产品体系和服务系统。二是鼓励企业开发以老年人为目标群体的应用软件。聚焦银发经济，补齐老年人物质需求数字产品和服务的短板，拓展老年人精神需求数字产品和服务的深度，不断丰富老年人的数字生活。三是促进老年人康养产业的数字化新发

展。结合老年人智慧康养的迫切需要，引导龙头企业加大数字化康养产品的研发力度，促进老年人康养产业的数字化新发展。

（4）加强政府的适老化数字服务和监管能力

政府各职能部门协同合作，持续加强数字公共服务的适老化改造，多模态、多通道、多举措，进一步消除老年人享受数字公共服务的门槛。加强政府对于养老机构、养老服务平台的数字化监管能力，平台化管理、大数据监管、跨平台合作，促进行业规范化良性发展，让老年人及其子女享受到舒适、便捷、安全的数字化养老服务。

（5）形成全社会凝力共建的共识

持续深入开展数字适老化宣教活动，提升全社会对于数字适老化的责任感和同理心。建立老年人数字技术素养提升的长效机制，循序渐进提升全龄段老年人的数字素养。政府主导、市场推动、家庭为主、社会为辅，全社会共同参与，稳步建设包容和智慧兼具的数字化康养社会。